요리할까

당신의 요리 고민을 날려 줄 100가지 맛 보장 레시피

제인 혼비
정연주 옮김

● 세미콜론

무엇을 어떻게
요리할 것인가

무릇 레시피는 한 편의 이야기와도 같아서 저마다 시작과 전개, (그리고 모두가 원하는) 해피 엔딩을 갖추고 있다. 집을 떠나 독립한 사람에서 나만의 집밥 레시피를 늘리려는 사람까지 요리에 관심을 갖게 된 계기 역시 각자 다르겠지만, 이 책은 처음 요리를 시작하는 모든 사람에게 길잡이가 되고자 한다. 이 책으로 직접 식재료를 손질해 준비하는 가벼운 한 끼 식사나 친구나 가족을 위한 저녁 식사, 케이크를 만드는 일이 얼마나 간단한지 알 수 있을 것이다. 또한 매번 성공하는 요리를 만들려면 무엇을 주의하고 지켜야 하는지 알려 주고, 친절한 공정 사진으로 단계별 조리 과정도 한눈에 파악할 수 있도록 했다.

많은 이가 음식을 사랑하며 특히 좋아하는 요리를 질문받았을 때 길고 긴 목록을 신나게 술술 늘어놓는다. 그 정도까진 아니더라도, 적어도 자신이 무엇을 좋아하는지 정도는 알고 있다. 향신료가 살짝 들어간 음식일 때도 있고, 마음을 따뜻하게 달래 주는 요리나 '악마처럼' 끈적한 초콜릿 디저트가 당기기도 한다. 하지만 대체로 그 정도에 그친다. 실제로 화요일 퇴근길에 아무 생각 없이 슈퍼마켓 안을 헤맨 적이 있거나, 일요일에 방문할 친척에게 무엇을 대접할지 머리를 싸맨 적이 있는가? 걱정하지 마라. 당신은 혼자가 아니니까. 이 책은 주중의 빠르고 간편한 식사부터 꼼꼼하게 준비해야 하는 축하연까지, 무슨 음식을 식탁에 올려야 할지 고민하는 사람에게 영감을 주는 레시피를 소개한다. 누구나 만들 수 있는 맛있는 요리이자 기본에 충실한 좋은 음식 100가지를 한데 모았다.

우리는 대체로 단백질, 탄수화물 같은 영양소보다 상황을 고려해 식사를 하므로, 책의 구성도 그에 따랐다. 아침 식사 및 간단한 저녁 식사, 여럿이 나누어 먹는 음식, 주말에 만들어 먹는 요리 등 모든 상황에 활용할 수 있는 레시피를 6개의 챕터로 구성했다. 또한 친구와 함께 먹는 요리나 가족끼리 둘러 앉아 나누는 영국 전통식 로스트 디너, 두 사람만 오붓하게 즐기는 매혹적 식탁, 저녁 식사

후에 탄성이 절로 나오게 하는 간단한 케이크 또는 제과제빵, 끝내주는 디저트 등의 레시피를 만날 수 있다. 만일 완성된 메뉴가 필요하다면 책 후반부에서 여러 아이디어(406쪽 참조)를 확인할 수 있으며, 상황에 맞춰서 많은 레시피의 분량을 두 배로 늘리거나 반으로 줄여 조리할 수 있다. 일단 기초 조리법을 터득하고 나면 다양한 레시피를 여러 가지로 변주할 수 있다.

나는 요리를 전공했지만 까다롭고 정교한 음식은 다른 전문가에게 맡겨 두고, 보통 사람들이 요리를 편하고 즐겁게 할 수 있도록 돕는 일에 몰두해 왔다. 친구나 가족이 부드러운 화이트 소스는 어떻게 만드는지, 케이크가 왜 부풀지 않는 것인지 물어올 때면 이렇게 말하곤 한다. "내가 어떻게 하는지 보여 줄게. 정말 쉬워!" 무언가를 배우는 최고의 방법은 우선 어떻게 하는 것인지 관찰한 다음에 직접 시도해 보는 것이다. 이 점을 염두에 두고 레시피의 모든 단계에 공정 사진을 넣어 단계별로 음식이 어떤 형태를 갖춰야 하는지 명확하게 보여 주고자 했다. 각 조리 단계를 최대한 정확하게 설명하고, 시중의 요리책이 생략하곤 하는 세부 사항까지도 설명했다. 조리 과정에서 어떤 변화가 일어나는지, 다음 단계는 언제 넘어가야 하는지, 이 음식은 어떻게 완성해야 하는지, 어떤 냄새가 나야 하는지, 잘못됐을 때는 어떤 상황이 발생하는지 등 조리 과정에서 발생할 수 있는 모든 요소를 고려했다. 이 책을 보고 요리할 때는 언제나 내가 함께하며 올바른 방향으로 이끌어 준다는 기분이 들기를 바란다. 하나도 어려울 것이 없으며, 전문 도구가 없어도 된다.

손수 음식을 장만할 시간 따위는 없다고 생각하던 사람의 마음을 이 책이 돌릴 수 있기를 바라며, 모든 레시피를 시간 대비 제일 효율적인 방식으로 작성했다. 예컨대 채소를 써는 등의 모든 준비 과정을 재료 목록에 숨기지 않고 논리적으로 만드는 법에 순서대로 포함했다. 또한 요리를 시작하기 전에 모든 재료를 썰어 두는 것보다, 양파가 부드러워질 때까지 볶는 사이에 옆에서

마늘을 으깨는 쪽이 훨씬 합당한 방식이다. 즉 실시간으로 따라 할 수 있는 요리책이 되고자 했다. 물론 미리 죄다 손질해 두고 싶은 마음은 이해한다. 하지만 숙련된 요리사는 시간을 절약할 수 있도록 위와 같은 순서로 음식을 만든다.

모든 레시피는 주방에서 사용할 모든 재료의 정확한 형태를 보여 주는 사진으로 시작한다. 사진에 찍힌 재료는 실제 분량과 동일하므로 기재된 레시피와 같은 방식으로 요리를 진행한다는 점을 알 수 있다. 조리 과정 역시 일반 조리 도구를 사용해서 집에서 요리하는 것과 똑같은 방식으로 촬영했다. 장 보는 문제 역시 걱정하지 말자. 매일 농산물 시장에 방문하기도 쉽지 않으니, 언제든 짬이 날 때 슈퍼마켓과 생선 가게를 방문해 구입한 물건으로 요리할 수 있도록 모든 레시피를 작성했다. 물론 좋은 재료를 위해 깊은 관심을 갖고 노력한다면 그만큼 맛으로 보답을 받을 것이다. 일단 기본 찬장 재료(14쪽 참조)를 구비하고 나면, 재료부터 직접 손질해서 만들 때 요리가 훨씬 맛있을 뿐만 아니라 시판 제품의 구입보다 경제적이라는 사실을 알 수 있다. 현대의 주방에는 시판 페이스트리 반죽처럼 품을 덜어 주는 편리한 제품들이 있지만, 이 책에서는 대체로 무엇이건 직접 만드는 쪽을 선호한다.

나는 종종 집에서 어떤 요리를 하는지 질문을 받는다. 사람들은 특별한 요리를 기대하지만, 내 대답은 언제나 같다. 친구와 가족을 위해 요리할 때는 반드시 성공할 것이라 확신하고 스트레스를 받지 않으며 모두가 좋아하는 음식을 즐겨 만든다. 레시피를 거듭해 시험하는 이유도 마찬가지다. 브라우니는 겉은 바삭하고 안은 촉촉하면서 찐득하게, 라자냐는 제대로 진하게, 닭고기 파이는 먹고 싶을 때 냉장고에서 바로 꺼내 요리할 수 있도록 만든다. 레시피가 언제나 성공할 수 있도록 다듬는 것은 물론이다. 이 책을 통해 '무엇을 어떻게' 요리할지 뿐만 아니라 직접 만든 음식을 함께 즐기는 기쁨도 알아가게 되기를 희망한다.

효과적인
레시피 활용법

1
요리 시작 전에 레시피를 처음부터 끝까지 읽는다.
그러면 앞으로 하게 될 일과 해야 할 일을 예상할 수
있다.

2
숙련된 요리사가 아니라면 레시피의 재료를
바꾸지 말자. 일단 기본 조리법에 익숙해지고
나면 언제든지 다시 만들 수 있다. 만약 다른
재료를 사용해야만 한다면 반드시 비슷한 재료로
대체하도록 한다. 예를 들어 황설탕 대신 백설탕을
쓸 수 있지만, 꿀이나 인공 감미료로 대체하지는
않는다. 특히 제과제빵 레시피는 각 재료가 섬세한
균형을 이루고 있으므로 함부로 늘리거나 줄이면 안
된다.

3
요리, 특히 제과제빵을 할 때는 모든 재료를
정확하게 계량한다. 다른 방식으로 명시하지 않는
한 계량스푼으로 계량할 때는 수북하게 올라온
부분을 평평하게 깎아서 재야 한다.

4
각 조리 단계를 마무리할 시점이나 요리가
최종적으로 완성되었는지를 파악하는 일은
초보 요리사 앞에 놓인 두 가지 중요한 과제다.
레시피 앞에 적힌 준비 시간에는 재료를 계량하고
손질하는 데 소요될 것으로 예측되는 시간과
소스를 준비하고 스튜를 만들기 위해 고기를
노릇하게 지지는 등의 예비 조리 시간이 포함되어
있다. 조리 시간은 요리를 최종 마무리하기까지
걸리는 시간이다. 간단한 수프 등을 만들 때는 조리
시간 내내 불 주변에 있어야 한다. 조리 시간이
더 길 때는 음식이 익을 때까지 내버려 두고 다른
작업을 할 수 있다. 또한 오븐과 가스레인지는
특성이 서로 제각각이라는 점을 기억하자. 나는
지금 요리 상태가 어떠한지 파악하기 위해 코와 눈,
귀를 사용하지만 그래도 여전히 고민될 때를 대비해
타이머를 맞춘다. 요리를 하면서 스스로 질문을
던져 보자. 노릇노릇해 보이는가? 좋은 향기가
나는가? 가운데 부분이 보글보글 끓고 있는가?

5
오븐은 언제나 사용 전에 예열하고, 사용 중에는
항상 문을 닫는다. 자주 열면 온도가 낮아져 조리
시간에 영향을 미친다. 정확한 온도를 맞추려면
오븐 온도계를 사용하는 것도 좋다.

6
각 재료에 기재된 설명에 유의한다. 부드러운
버터는 반드시 마요네즈에 가까울 정도로 아주
부드러워야 한다. 냉장고에 보관한 붉은 고기는
반드시 조리 전에 미리 꺼내 실온 상태로 조리해야
명시된 조리 시간을 정확하게 따를 수 있다. 달걀
또한 사용 전에 반드시 실온에 꺼내 둔다.

7
나는 되도록이면 채소를 간단하게 저미는 식으로
손질해 다지는 횟수를 최대한 줄이려고 노력한다.
책 후반부(410쪽 참조)에 실린 사진에서 '곱게
다진다'를 포함해 기타 채소 손질법을 가리키는
단어가 정확히 무엇을 의미하는지 알 수 있다.

8
수시로 맛을 본다. 훌륭한 요리사는 계속 맛을
보면서 냄비 속의 요리 상태를 확인한다. 소스에
충분히 간이 되었는지, 제대로 졸아들었는지,
향신료는 충분한지 알 수 있는 유일한 방법이다.

9
뜨거운 음식을 낼 때, 특히 소스나 그레이비를
곁들일 때는 접시를 미리 오븐에서 따뜻하게
데운다.

10
달리 지정하지 않는 한 모든 허브는 생허브를
뜻한다. 후추는 즉석에서 간 검은 후추다.
소금은 플레이크 소금●이다. 달걀과 채소는
중간 크기(중간 크기 달걀은 약 60g), 우유는
반탈지유를 쓴다.

● 천일염을 만드는 과정에서 염전 맨 위에 눈처럼 하얗게 생기는
결정을 모은 고급 소금.

주방 도구

이 책에 실린 레시피를 요리하는 데 필요한 필수 주방 도구를 알아 보자.

도마

도마는 2개가 필요하며, 날 재료와 익힌 재료용을 구분해 사용한다. 플라스틱 도마는 수명이 길고 세척이 쉽다. 나무 도마를 선호한다면 양질의 나무를 고르도록 한다. 물에 오래 담가 두면 나무가 갈라지므로 주의한다. 나무 도마는 냄새를 쉽게 흡수하기 때문에 냄새가 진한 재료와 냄새가 나지 않는 재료용 면을 구분해 사용하도록 한다. 미끄러지지 않도록 도마 아래에 젖은 종이 행주를 깐다.

칼

이 책에 실린 레시피에 필요한 칼은 많지 않다. 먼저 약 20cm 길이 칼날의 셰프 나이프●가 필요하지만, 체격에 따라 다를 수 있으니 주방용품 전문점에 문의하도록 하자. 손에 잡으면 편안하게 느껴지며 너무 가볍거나 무겁지 않고, 칼날을 앞뒤로 빠르게 움직이면서 재료를 다질 수 있어야 한다. 그리고 칼날이 약 10cm 길이인 작은 칼이 하나 있으면 자잘한 작업을 하기에 용이하다. 작은 톱니칼은 무른 과일을 썰거나 페이스트리를 다듬을 때 유용하게 쓰인다. 마지막으로 큰 톱니칼, 그리고 비스킷이나 기타 섬세한 음식을 부서트리지 않고 바닥에 밀어 넣을 수 있는 팔레트 나이프●●가 있으면 좋다. 칼이 무디면 잘 미끄러져서 위험하므로 숫돌이나 날갈이를 이용해 칼날을 날카롭게 유지한다.

여러 가지 볼

대형, 중형, 소형 볼이 하나씩 있어야 한다. 열을 잘 견디고 속이 깊어 내용물이 쏟아지지 않는 파이렉스Pyrex 볼이 좋다.

계량컵

600ml와 1L들이 계량컵이 쓸모가 많으며, 내열 유리 재질이 이상적이다. 하나만 골라야 한다면 (많은 양은 여러 번 반복 계량하면 그만이므로) 작은 계량컵을 마련하자.

냄비와 프라이팬

소형, 중형, 대형 냄비가 필요하다. 큰 냄비는 파스타 또는 감자를 삶을 때 물을 넉넉히 끓일 수 있을 정도로 깊어야 한다. 또한 큰 프라이팬 하나(지름 24cm 정도가 이상적), 줄무늬 숯불 자국을 좋아한다면 가장자리가 높은 그릴 팬 하나를 갖춰 두자. 요리 초보자라면 들러붙음 방지 코팅 팬을 고르되, 매일 사용할 것이므로 품질이 아주 중요하다는 점을 명심하자. 열을 고르게 전달하는 두꺼운 바닥의 팬을 골라야 한다. 그릴이나 오븐에 사용하려면 손잡이와 뚜껑이 내열 재질인 팬을 고른다. 유리 뚜껑이 달려 있다면 열을 잃지 않으면서 내부 상태를 확인할 수 있다.

직화 오븐 겸용 팬

제일 유용한 팬은 가스레인지와 오븐에 모두 사용할 수 있는 큰 캐서롤 냄비(408쪽 참조)다. 반드시 손잡이까지 내열 재질인 제품을 고른다. 안쪽이 들러붙음 방지 코팅된 팬이라면 좋겠지만, 필수는 아니다. 무쇠 팬은 열이 아주 빨리 퍼지며 뜨거운 상태를 오래 유지하므로 더욱 주의를 기울여야 한다.

로스팅 팬

얇으면 직화로 가열하거나 고온의 오븐에 넣었을 때 휘어질 수 있으니 되도록 튼튼한 로스팅 팬을 구입하자. 테두리가 꽤 높은 큰 팬이 좋다. 작은 로스팅 팬은 작은 고기를 익힐 때 육즙이 덜 증발하므로 유용하게 쓰인다.

베이킹 트레이, 시트와 틀

손잡이처럼 한쪽 끄트머리에만 테두리가 있는 베이킹 시트와 가장자리 높이가 약 3cm인 대형 베이킹 트레이가 유용하게 쓰인다. 이 책에서는 20×11cm크기의 1kg 들이 일반 파운드 케이크 틀, 지름 23cm의 주름진 타르트 틀, 12구들이 머핀 틀, 20×30cm 크기의 '트레이베이크Traybake●●●' 틀, 바닥이 분리되는 지름 20cm의 얕은 케이크 틀 2개, 지름 23cm의 파이 틀을 사용한다.

● 요리사가 일반적으로 제일 많이 사용하는 식칼.
●● 'ㄴ'자 형태로 꺾인 모양이라 바닥이 납작한 요리를 망가뜨리지 않고 들어올릴 수 있는 도구.
●●● 브라우니처럼 트레이에 바로 반죽을 부어서 넓게 구워 잘라 내거나 트레이에 한데 모아 익힌 음식 등을 일컫는 말로, 가장자리가 높은 틀을 사용한다.

오븐용 그릇

양질의 오븐용 도기 그릇(오븐 및 테이블 겸용 그릇이라고도 부른다.)을 여럿 마련해 두면 라자냐 등을 만들 때나 곁들임 요리 또는 샐러드를 그릇에 담아 낼 때 아주 유용하게 쓸 수 있다. 가능하면 손잡이가 있는 그릇을 고르자.

저울

최소한 5g 이하 단위로 측정 가능하며 닦는 것만으로 청소가 쉽게 끝나는 저울을 고른다.

계량스푼

철제 제품도 플라스틱 제품도 좋다. 나는 반드시 계량스푼 묶음을 고정하는 고리를 제거해 하나만 쓰고도 모든 숟가락을 죄다 설거지하는 일이 없도록 한다. 큰 계량스푼은 작은 병의 목을 통과하지 못할 때도 있으므로 가능하면 길고 좁은 모양의 제품을 고르도록 하자.

푸드 프로세서

푸드 프로세서는 하나만 있어도 갈고 섞는 작업이 숙련된 요리사보다 빨리 끝나며 준비 시간을 절약할 수 있다. 날이 반죽을 차갑게 유지하면서 밀가루를 너무 많이 건드리지 않아서 안정적으로 부드러운 결을 만들어 내므로 특히 페이스트리를 반죽할 때 유용하다. 볼 크기가 적당하고 사용법이 복잡하지 않은 프로세서를 고른다. 다양한 보조 도구를 갖춰야 할지 고민하지 말자. 쓸 일이 거의 없다.

소형 전동 거품기

제과제빵의 필수 도구다. 크림을 빠르게 휘저어 공기를 주입해 가볍게 만들 때나 케이크 반죽에 사용하며 덩어리진 부분을 풀 때도 유용하다. 스탠드 믹서를 선호할 수도 있지만, 가격이 높다.

기타 유용한 도구

눈이 성긴 면과 가는 면이 있는 상자형 강판 (아니면 돈을 투자해서 감귤류의 제스트를 갈기 좋은 마이크로플레인 그레이터를 구입하자.)
제과용 솔
밀대
레몬즙 짜개
국자
감자 으깨개 또는 포테이토 라이서
나무 주걱 여러 개
고무 스패출라
채소 필러
누름돌
식힘망
거품기
체
채반
뒤집개
유산지

오븐

자신의 오븐에 익숙해져야 한다. 팬이 달려 있는지 확인하자.

일반 전기 오븐

열원에 가까운 위쪽과 아래쪽이 더 뜨거우므로, 케이크를 굽거나 큼직한 고깃덩어리를 구울 때는 윗부분이 타지 않도록 가운데 부분에 넣어야 한다. 감자 로스트처럼 노릇하게 굽고 싶거나 조금 더 바삭하게 만들고 싶은 요리는 위쪽 3분의 1 위치에 넣는다.

팬 오븐

이 책에 실린 오븐 온도는 일반 오븐용이다. 팬 오븐을 사용할 경우 대체로 일반 오븐보다 온도는 20℃ 낮게, 조리 시간은 동일하게 설정해야 한다. 뜨거운 공기가 음식 주변을 순환해 훨씬 빠르게 조리되기 때문이다. 그러나 오븐은 제품이 다양하고 자동으로 온도를 조절하는 표시기가 달린 경우도 있으므로 설명서 확인이 필수다. 팬 오븐은 열이 고르게 전달되므로 음식을 넣는 위치는 중요하지 않다. 또한 예열에 걸리는 시간이 짧은 편이다.

가스 오븐

가스 오븐에는 보통 온도가 각기 다른 세 구역이 존재하며, 바닥이 제일 차갑고 위가 제일 뜨겁다. 노릇하게 구워야 할 때는 오븐 상단 3분의 1 구역에 넣고, 케이크나 로스트 요리는 가운데, 천천히 익히는 요리는 아래쪽에 넣어 조리한다.

재료 및 장보기

이 책에 나오는 모든 재료는 대형 슈퍼마켓에서 구입할 수 있지만, 재래시장이나 소매상을 방문해서 어떤 제철 재료가 나오는지 알아보는 것도 좋다. 동네 정육점이나 생선 가게에서 얼마든지 도움을 받을 수 있으니 걱정하지 말자. 요리 초보라는 사실을 밝히면 지식과 요령, 지혜를 기꺼이 나누어 줄 것이다. 육류와 달걀은 비싸더라도 가능한 한 좋은 제품을 구입하자. 질적인 차이를 확실히 느낄 수 있을 것이다.

육류

정육점에서는 고기를 손질해서 돌돌 말거나 잘라 주고 적절한 조리법을 귀띔하며, 직접 육수를 만들어 보고 싶다면 뼈를 다듬어 주기도 한다. 생산 이력 정보를 확인할 수 있으며 생육 환경과 건강 수준이 뛰어나고, 자연 방사 또는 유기농으로 생산한 육류 및 가금류를 선택하면 뛰어난 맛과 식감을 보장할 수 있다. 붉은 고기는 마블링이 좋고 빛깔이 자연스러우며(회색이나 이상할 정도로 밝은 빨강색이 아닌) 살짝 광택이 나지만 끈적거리지 않는 것을 고른다. 뼈는 푸르스름한 분홍빛을 띠는 흰색이여야 한다. 가금류는 껍질에 변색된 부분이 없고 나쁜 냄새가 나지 않으며 최대한 신선해 보이는 상태여야 한다. 다시 말하지만 가능한 최상급 제품을 구입하자.

해산물

생선 가게에서는 어떤 생선이건 비늘을 제거하고 살점만 발라내 깨끗하게 손질해 주며, 지역과 계절에 따라 생물과 냉동을 포함해 다양한 해산물을 갖추고 있다. 멸종 위기에 처한 품종을 모두 기억하기란 쉽지 않은 일이다. 그럴 때는 지속 가능한 어업으로 잡았다고 표시된 생선을 고르는 것이 제일 좋으며, 처음 보는 생선이라도 주인의 추천이 있다면 기꺼이 요리해 볼 마음의 준비를 하도록 하자. 비늘이 반짝이고, 아가미 안쪽이 짙은 붉은색을 띠며, 비린내가 나지 않고, 눈이 또렷한 통 생선을 구입한다. 신선도를 구분하는 기준(눈과 아가미)이 제거된 생선 필레는 고르기가 더 까다롭다. 살점이 단단하고 반짝이며 비늘에 광택이 있는 것을 구입하자. 윤기가 없고 물렁물렁하거나 생선 냄새가 심하게 나는 것은 제외한다.

홍합과 대합 같은 해산물은 신선도를 확인하기가 힘들지만, 코로 냄새를 맡아 보면 상태가 좋지 않은 것을 구분할 수 있다. 때로는 냉동 해산물이 생물보다 더 싱싱할 때도 있다. 바다에서 잡자마자 냉동해 질이 저하되는 시간이 비교적 짧기 때문이다.

달걀

가능하면 자연 방사된 제품 또는 유기농 달걀을 구입한다. 닭장에 갇혀서 낳은 달걀보다 맛이 뛰어나며 암탉의 삶도 훨씬 행복했을 것이다.

과일 및 채소

생산자 직판장을 이용하면 푸드 마일Food mile●을 단축해 훨씬 '친환경'적으로 장을 볼 수 있다. 대량 생산이 어려워 대형 체인 슈퍼마켓에는 쉽게 출하되지 않는 신기한 과일과 채소 품종도 종종 눈에 띈다. 나는 언제나 크기에 비해 묵직한 것을 고른다.

겉보기에는 깨끗하더라도 미세한 흙먼지나 잔류성 농약이 남아 있을 수 있으므로 모든 과일과 채소는 쓰기 전에 깨끗하게 씻어야 한다. 질긴 겉잎은 제거하고 취향에 따라 감자와 당근, 기타 뿌리채소의 껍질을 벗긴다. 과일과 채소 껍질 바로 아래에는 비타민과 영양소가 풍부하므로 너무 두껍게 깎아내지 말자. (원한다면 껍질을 벗기는 대신 질 좋고 단단한 솔로 문질러 닦는다.)

보관법

육류와 가금류는 차갑게 보관하되 3일을 넘기지 않도록 하고, 육즙이 흘러서 다른 음식을 오염시키지 않도록 냉장고 아래칸에 보관한다. 육류, 가금류 및 생선을 나중에 쓰기 위해 냉동하고 싶다면 구입 당일에 랩에 잘 싸서 냉동한다. 1개월 안에 소진하는 것이 제일 좋다. 해동할 때는 육즙을 잃지 않도록 쟁반이나 큰 접시에 담아 냉장실로 옮겨 밤새 둔다. 냉동할 예정이 아니라면 생선과

● 식재료가 생산지에서 소비자의 식탁에 오르기까지의 이동 거리.

해산물은 요리 당일에 구입한다.

달걀 또한 냉장고에 넣어야 하며, 3주까지 보관할 수 있다. 냄새를 쉽게 흡수하므로 향이 강한 음식 가까이에 두지 않도록 한다.

생허브는 차갑게 보관해야 한다. 1주일 이상 보관할 때는 허브 다발을 젖은 종이 행주에 둘둘 싼 다음 음식 보관용 봉지 또는 용기에 밀폐해 두는 것이 좋다.

샐러드용 채소는 운이 좋다면 이틀 이상 보관할 수 있으며, 대량으로 구입하기보다 필요한 만큼만 사서 반드시 냉장고 아래쪽 채소칸에 넣어 두도록 하자.

과일과 채소는 숙성할 필요가 없다면 냉장고에 보관한다. 다만 바나나, 토마토(며칠 안에 먹을 예정이라면), 아보카도는 예외다. 찬 기운은 맛과 식감에 영향을 미치므로 과일은 최소한 먹기 1시간 전에 냉장고에서 꺼내 둔다. 또한 나는 감귤류는 실온에서 즙을 더 쉽게 짤 수 있다고 본다.

유제품을 보관할 때는 면밀히 신경을 써야 한다. 표기된 정보를 확인하는 것이 제일 좋으나, 일반적으로 우유나 요구르트 및 연질 치즈, 크림 등은 약 1주일 정도 보관할 수 있다. 치즈를 따로 코스로 낸다면 대체로 실온으로 낼 때 맛이 훨씬 좋다는 점을 알아 두자.

유통기한과 소비기한
제조업체가 기재한 소비기한에 주목하자. 유통기한은 소매업자를 위한 정보로, 음식물은 대체로 소비기한이 만료될 때까지는 먹어도 괜찮다.

기본 찬장 재료

기본 식료품을 잘 갖춰 둔 찬장은 좋은 요리의 기반이다. 꼼꼼하게 구비해 두면 장보기 목록이 점차 줄어들고, 마지막에는 신선한 재료만 그때그때 준비하면 충분하게 된다.

오일과 버터
일반 조리를 위해 마일드 올리브 오일을 한 병, 드레싱과 요리 마무리에 쓸 엑스트라 버진 올리브 오일을 한 병, 그리고 해바라기씨 오일과 식물성 오일을 갖춰 두자. 해바라기씨 오일과 식물성 오일은 풍미가 약하고 발연점이 높아 튀김용으로 탁월하다. 버터는 입맛에 따라 요리의 염도를 조절할 수 있도록 무염 제품을 쓰도록 하자.

통조림
통조림 퓌레와 채소는 건강한 식사를 경제적으로 차릴 수 있도록 도와 준다. 우선 버터콩, 붉은 강낭콩Red kidney bean, 다진 플럼 토마토 통조림 등을 갖춰 보자.

파스타, 국수, 렌틸 및 말린 콩
거의 무기한 보관할 수 있는 재료들이다. 파스타는 스파게티처럼 긴 파스타 한 종류와 펜네처럼 짧은 파스타 한 종류부터 구비해 두자. 대부분 다른 종류로 대체해 사용할 수 있다.

가루 재료
점도 조절제로는 옥수수 전분을, 페이스트리(물론 그 외에도 많은 곳)에는 밀가루, 제과제빵에는 셀프 라이징 밀가루●를 사용한다.

가루 또는 통 향신료
이 책에서는 일반적으로 가루 또는 통 커민 씨나 코리앤더, 터메릭, 말린 고추, 파프리카 가루(훈제와 일반), 시나몬, 믹스드 스파이스●●, 너트메그, 생강 등을 사용한다. 몇 개월 후면 향이 사라지므로 향신료는 조금씩 구입해야 하며, 서늘한 응달에 보관한다.

● 베이킹 파우더와 소금을 첨가한 밀가루. 밀가루 1컵당 베이킹 파우더 약 1작은술, 소금 ¼작은술을 더하여 대체 가능.

●● 올스파이스와 시나몬, 너트메그 등이 들어간 영국의 혼합 향신료 제품.

말린 허브

생허브가 없다면 말린 허브도 어느 정도 유용하게 쓸 수 있다. 내가 제일 자주 사용하는 것은 오레가노, 타임, 말린 혼합 허브 제품이다. 말린 허브는 오랫동안 천천히 익히는 요리 등 합리적으로 대체 가능할 때 작은 생허브 1단 대비 1작은술을 사용한다. 캐서롤 요리에는 생로즈메리 대신 말린 것을 사용해도 좋지만, 그리스식 샐러드에 말린 파슬리는 적절하지 않다.

설탕과 꿀

최고의 맛을 내려면 비정제 설탕을 고르자. 꿀은 쭉 짜낼 수 있는 용기에 담긴 맑은 액상 타입이 계량하기 쉬워서 사용하기 좋다.

말린 과일, 견과류와 씨앗류

말린 과일은 통통한 것을 고르자. 건포도와 설타나 건포도는 좋은 브랜드일수록 치아에 거슬리는 질기고 짧은 줄기가 덜 들어 있는 편이다. 견과류, 특히 가루로 빻은 견과류 제품은 몇 달 안에 산패할 수 있으므로 너무 많이 사지 말자.

머스터드

요리에 쓰기에는 맛이 부드럽고 순한 홀그레인 머스터드와 디종 머스터드가 제일 좋다. 잉글리시 머스터드는 매콤한 맛이 더 강하다.

마늘

탄탄하고 껍질이 얇으며 상처가 없는 마늘을 고른다. 나는 언제나 알이 굵은 것을 구입한다.

치즈

파르미지아노 치즈나 다른 경질 치즈가 한 덩이 있으면 급할 때 유용하게 쓰인다.

안초비와 케이퍼

나는 오일에 담근 안초비와 식초에 절인 케이퍼를 선호하는데, 사용 전에 씻어서 소금을 제거할 필요가 있는 염장 제품보다 편리하기 때문이다.

가향 오일

참기름은 볶음 요리나 녹색 채소 찜에 가벼운 고소한 풍미를 더하고, 호두 오일을 사용하면 눈이 확 떠질 만큼 맛있는 샐러드 드레싱을 만들 수 있다.

소금과 후추

내가 즐겨 사용하는 소금은 말돈의 천일염 플레이크●이며, 검은 후추는 매운 맛과 풍미를 최대한 이끌어내도록 필요할 때마다 직접 갈아서 넣는다.

칠리 플레이크

(신선한 풍미가 그리 중요하지 않을 때) 통 고추 하나를 통째로 다지는 것보다 간편하고, 조리가 끝난 후에도 음식 위에 뿌릴 수 있다.

식초

양질의 화이트 또는 레드 와인 식초를 고르자. 여러 달 보관할 수 있으며, 샐러드 드레싱이나 소스 등에 멋지게 톡 쏘는 맛을 더할 수 있다.

과립형 육수

좋은 육수를 쓸수록 요리가 맛있어진다. 즉 뜨거운 물에 과립 또는 분말형 제품을 풀어서 만든 육수를 요리에 사용해도 충분히 효과가 있다는 뜻이다. 농축 액상 육수도 좋지만, 고기류의 그레이비 소스를 만들 때는 이왕이면 양질의 시판 액상 육수를 사용하자. (수제라면 더 좋다.) 재료로 사용한 뼈에서 풀려나온 천연 젤라틴을 일부 함유하고 있으므로 질감과 풍미가 뛰어난 그레이비를 만들 수 있다. 유기농 육류를 구입할 때는 육수 또한 유기농으로 고르도록 하자.

기타

우스터 소스나 토마토 퓌레, 바닐라 추출액은 물론 하리사●●나 칠리 페이스트도 매우 유용하게 쓰이는 재료다.

시간 절약형 재료

취향에 따라 시판 페이스트리로 피칸 파이를 굽거나, 분쇄해서 판매되는 빵가루를 구입할 수도 있다. 생고추를 다지는 대신 칠리 페이스트를 짜서 쓰기도 한다. 중요한 것은 우리가 지금 요리를 하고 있으며 무엇이든 시도하는 중이라는 사실이다.

● 영국 잉글랜드 에식스 카운티 말돈 마을에서 나는 바닷소금.

●● 고추를 향신료와 함께 갈아서 만든 북아프리카 튀니지의 소스.

베리 스무디

준비 시간: 5분
2인분

시리얼이나 토스트로 때우기 일쑤였던 아침
식사에 간편하고 속이 든든하며 건강한
스무디로 맛있고 색다른 변화를 더해 보자.
냉동 베리는 생과일처럼 남은 분량을 빨리 먹어
치우려고 전전긍긍할 필요 없이 한 줌씩만 쓸
수 있어 아주 편리하다. 제철 생과일로 만들
때는 라즈베리와 블랙베리를 섞어 보자.

잘 익은 바나나(중) 1개
냉동 여름 베리류, 냉장실에서 하룻밤 해동한
　것 100g
산미가 덜한 플레인 요구르트 150g
우유 300ml
액상 꿀 2큰술

1
모든 재료를 믹서에 담는다.

2
걸쭉하고 매끄러운 질감이 될 때까지 약 1분간
간다.

3
긴 유리잔 2개에 나누어 담아서 바로 마신다.

어떤 요구르트를 사용할까?
새콤해서 과일 맛을 죽이기 쉬운 일반
요구르트보다는 맛이 부드러운 바이오
요구르트 종류가 좋다.

변주
속을 더 든든하게 할 스무디를 만들려면 갈기
전에 포리지●용 귀리 2큰술을 더한다.

● 곡물과 귀리, 오트밀 등을 잘게 빻은 뒤 물과 우유를 넣어
　끓이는 스코틀랜드의 죽 요리.

시나몬 롤

준비 시간: 30분 + 발효 1시간 30분
조리 시간: 25분
12개 분량

잠든 이도 침대에서 벌떡 일어나게 할
요리다. 반죽이 필요한 조리법은 대부분
그렇듯이 스티키 번즈●의 일종인 시나몬
롤도 완성하기까지 시간이 걸리지만, 아래
레시피에서는 긴 반죽 시간을 많이 단축했다.
따뜻할 때 먹어야 제일 맛있으니 전날 밤에
만들어 두고 싶다면 22쪽의 '미리 만들기'를
참고하자.

밀가루 500g, 덧가루용 여분
천일염 플레이크 1작은술
정제 황설탕 50g
즉석 활성 건조 효모●● 1봉(7g)
아주 부드러운 무염 버터 150g, 틀용 여분
우유 150ml, 아이싱용 2큰술
달걀 2개(중)
식물성 오일 ½작은술
마스코바도 황설탕●●● 80g
시나몬 가루 1작은술
설타나 건포도와 건포도, 한 종류로만 또는
    섞어서 80g
슈거파우더 150g
피칸 50g

● 당밀이나 시럽 등으로 만든 끈적한 글레이즈를 더해
    단맛을 더한 번의 일종.

●● 첨가물을 넣어서 발효가 신속하게 이루어지도록 만든
    효모. 1차 발효를 생략할 수 있다.

●●● 사탕수수로 만드는 필리핀의 비정제 설탕.

1
큰 볼에 밀가루, 소금, 정제 황설탕과 효모를
담는다. 작은 팬에 버터 50g을 녹인다. 팬을
불에서 내리고 포크로 저으면서 우유 150ml,
달걀을 차례로 넣는다.

2
액상 재료를 가루 재료 볼에 넣고 거칠고
끈적거리는 반죽이 될 때까지 빠르게 섞는다.
랩을 씌워서 10분간 재운다.

3
작업대에 덧가루를 가볍게 뿌리고 볼에서
반죽을 긁어낸다.

4
반죽 위에 덧가루를 가볍게 뿌린다. 마른 손에
밀가루를 묻히고 반죽을 매끄럽고 탄력 있는
공 모양이 될 때까지 치댄다. 30초 정도면
충분하다.

반죽하는 법
반죽의 왼쪽 끄트머리를 왼손으로 누르고
반대쪽 끝을 오른손으로 잡아서 몸에서 먼
쪽으로 반죽을 민다. 늘어난 반죽을 다시
위로 접어 올리고 손바닥으로 누른 다음
반죽을 직각으로 돌린다. 여러 번 반복하면
반죽이 매끄러워지고 탄력이 생긴다. 반죽이
달라붙으면 작업대에 밀가루를 살짝 뿌린다.

5
큰 볼 안쪽에 오일을 약간 바르고 반죽을
담는다. 랩 한 장에 오일을 살짝 바르고 볼 위에
덮는다. 볼을 따뜻한(뜨겁지 않은) 곳에 둔다.
1시간 뒤면 반죽이 두 배로 부풀어 있을 것이다.

6
작업대와 손에 덧가루를 뿌리고 반죽을 꺼내
얹는다. 손가락 관절과 손바닥을 이용해서
반죽을 눌러 약 40×30 cm 크기의 직사각형
모양으로 만든다.

7

필링을 만든다. 남은 부드러운 버터를 반죽에
바르고 마스코바도 설탕, 시나몬, 설타나
건포도 또는 건포도를 뿌린다. 피칸을 다져서
골고루 뿌린다.

8

긴 가장자리 한쪽을 잡고 양탄자를 말듯이 필링
위로 반죽을 돌돌 만다.

9

밀가루에 살짝 담갔다 뺀 날카로운 칼로 롤
양쪽 끝을 살짝 잘라내 버린 다음 남은 반죽을
똑같은 크기로 12등분한다.

10

25×23 cm 크기의 베이킹 또는 로스팅 팬
안쪽에 버터 한 덩어리를 골고루 바른다. 롤을
단면이 위로 오도록 서로 간격을 띄워서 틀에
얹는다.

11

랩 한 장에 식물성 오일을 약간 바르고 롤 위에
느슨하게 덮는다. 따뜻한 곳에 반죽이 부풀어
커질 때까지 약 30분간 둔다. 오븐을 180℃로
예열한다.

12

롤이 부풀고 노릇해질 때까지 25분간 굽는다.
틀에 담은 채로 15분간 식힌 후 꺼내 식힘망에
얹는다. 슈거파우더를 체에 쳐서 볼에 담고
우유 2큰술을 더해서 매끄럽게 흐르는 농도의
아이싱을 만든다. 롤이 아직 따뜻할 때 위에
뿌린다.

미리 만들기
전날 반죽을 만든 다음 10번 과정 마무리
단계에서 롤을 냉장고에 넣어 보관한다.
발효가 아주 천천히 진행될 것이다. 다음날
롤을 꺼내서 11번 과정처럼 충분히 부풀 때까지
1시간 정도 실온에 둔다. 같은 방식으로 굽는다.

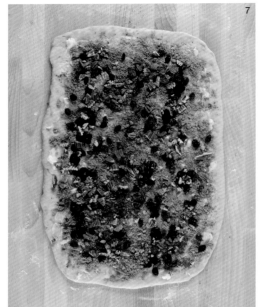

에그 베네딕트

준비 시간: 15분
조리 시간: 15분
2인분

고전 브런치 요리로 주말을 멋지게 시작해 보자.
홀렌다이즈 소스는 만들기 어렵기로 정평이 나
있지만, 다음 레시피를 따르면 진하고 부드러운
소스를 쉽게 만들 수 있다. 최대한 신선하고
유통기한이 제일 긴 달걀을 꼼꼼히 살펴서
고르자. 달걀이 신선할수록 수란을 만들 때
흰자와 노른자가 탄탄하게 엉겨 붙어 형태가 잘
유지된다.

무염 버터 100g, 스프레드용 여분
아주 신선한 달걀 6개(중)
화이트 와인 식초 ½작은술과 1큰술
레몬 ½개
천일염 플레이크 1작은술
카이엔 고춧가루 1자밤, 양념용 여분
잉글리시 머핀 2개
익힌 햄 2장
소금과 후추

24

1

2

3

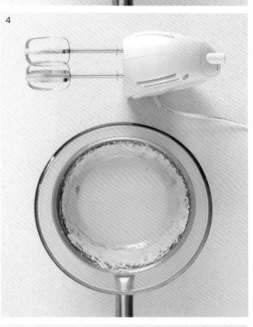

4

5

1

작은 냄비에 버터를 녹이고 제일 약한 불에 따뜻하게 보관한다. 그사이에 물을 한 주전자 끓인다.

2

달걀 2개의 흰자와 노른자를 분리해(243쪽 참조) 내열용 중형 볼에 노른자를 담는다. 중형 냄비에 주전자로 끓인 물을 반 정도 채우고 불에 올려서 한소끔 끓인다. 노른자 볼을 바닥이 수면에 닿지 않도록 냄비 위에 얹는다. 노른자에 식초 ½작은술을 더한다.

3

소형 전동 거품기로 노른자가 걸쭉하고 색이 아주 연해질 때까지 약 3분간 친다. 냄비의 물은 팔팔 끓지 않고 아주 뭉근하게 끓는 상태를 유지하도록 주의를 기울인다.

4

계속 저으면서 따뜻한 버터를 6번 정도에 나누어 붓되, 부을 때마다 골고루 잘 섞는다. 버터를 전부 넣자마자 팬을 불에서 내린다. 소스가 묽게 분리되더라도 걱정하지 말자. 긁어 모아서 차가운 볼에 옮긴 다음 찬물을 한 큰술씩 더하면서 다시 유화될 때까지 저으면 된다. 그래도 유화되지 않으면 다른 깨끗한 볼에 분량 외의 노른자를 하나 담고 분리된 소스를 부으면서 계속 휘젓는다.

5

레몬의 즙을 짠 후 1작은술을 덜어서 카이엔 고춧가루와 함께 홀렌다이즈 소스에 더해 섞는다. 취향에 따라 소금 약간과 여분의 레몬즙으로 간을 맞춘다. 홀렌다이즈는 고소한 맛과 산미가 적절한 균형을 이루어야 한다. 너무 되직하면 뜨거운 물을 2작은술 더한다. 랩을 표면에 닿도록 씌워서 막이 생기지 않도록 한다. 수란을 만드는 동안 홀렌다이즈 소스를 냄비 위에 얹어 따뜻하게 보관한다.

6

냄비에 뜨거운 물을 반 정도 채운다. 한소끔 끓인 다음 소금 1작은술과 식초 1큰술을 더하고 물이 수면에 가끔 기포가 올라오는 정도로 아주 잔잔하게 끓도록 불 세기를 낮춘다. 달걀 1개를 깨서 컵에 담는다. 볼에 뜨거운 물을 받아서 옆에 둔다. 구멍 뚫린 국자로 냄비의 물을 휘저어서 소용돌이를 만든다.

7

컵에 담은 달걀을 소용돌이 가운데에 조심스럽게 넣는다. 처음에는 너무 너덜너덜해 보이더라도 걱정하지 말자. 물속에서 빙빙 돌면서 익으며 깨끗하고 둥근 모양이 된다.

8

흰자가 굳고 노른자는 아직 부드러운 상태가 될 때까지 물을 계속 잔잔하게 끓도록 유지하면서 3분간 익힌다. 꺼내기 전까지는 달걀을 건드리지 않는다. 이제 구멍 뚫린 국자로 수란을 조심스럽게 팬에서 건져 따뜻한 물을 담은 볼에 옮긴다. 남은 달걀을 익히는 동안 따뜻하게 보관한다.

9

머핀을 반으로 잘라 토스터에 굽는다. 접시에 머핀을 담고 버터를 바른다. 햄 1장을 반으로 접어 머핀에 하나씩 얹는다. 그물 국자로 수란을 건지고 종이 행주 한 장을 국자 아래 대서 떨어지는 물을 흡수시킨다. (머핀 위에 뚝뚝 떨어지면 빵이 축축해진다.) 수란을 햄 위에 얹고 남은 수란으로 같은 과정을 반복한다.

10

홀렌다이즈 소스를 넉넉히 두르고 바로 먹는다. 취향에 따라 카이엔 고춧가루를 조금 더 뿌린다.

스크램블드 에그와
훈제 연어 베이글

준비 시간: 5분
조리 시간: 2분
2인분(4인분 조리 용이)

부드러운 스크램블드 에그와 섬세한 훈제 연어
약간으로 평범한 아침에 뉴욕 스타일을 입혀
보자. 훈제 연어는 얇게 저민 제품이나 잘게
조각낸 제품 어느 쪽을 선택해도 괜찮다.

양귀비 씨 또는 플레인 베이글 2개
달걀 4개(중)
우유 또는 싱글 크림● 2큰술
버터 25g
훈제 연어 슬라이스 또는 트리밍 100g
생골파(또는 취향에 따라 처빌 또는 딜) 1줌
소금과 후추

● 유지방 함량이 약 35%인 크림. 더블 크림의 지방 함량은
 대체로 50% 이상이다. 국산 일반 휘핑 크림을 사용해도
 무방하다.

1

오븐을 140℃로 예열하고 큰 접시 2개를 넣어 따뜻하게 데운다. 베이글을 반으로 자르고 토스터나 그릴에 넣어 굽는다. 오븐에 넣어서 따뜻하게 보관하며 스크램블드 에그를 만든다.

2

그릇에 달걀을 깨 담고 우유 또는 크림을 더해 포크로 푼 다음 소금과 후추로 간을 한다.

3

작은 냄비나 프라이팬을 중간 불에 올린다. 30초 후에 버터 절반을 넣고 거품이 일 때까지 데운다.

4

달걀 물을 붓고 2~3초간 그대로 둔 다음 나무
주걱으로 젓는다. 제일 뜨거워서 달걀이 빨리
익게 되는 가장자리 부분도 반드시 휘저어야
한다.

5

달걀을 딱 1분간 익힌 다음 팬을 불에서 내린다.
장식할 분량을 남겨 두고 골파를 주방 가위로
잘라 넣는다. 달걀은 아직 덜 익은 상태지만,
베이글에 버터를 바르는 사이 팬의 잔열로 마저
익는다.

6

베이글에 남은 버터를 바르고 접시에 담는다.
스크램블드 에그를 베이글 위에 담고 훈제
연어를 올린다. 남겨 둔 골파와 검은 후추를
약간 뿌린 다음 바로 낸다.

프렌치 토스트와 자두 조림

준비 시간: 20분
조리 시간: 10분
4인분

프렌치 토스트('달걀 물을 적신 빵Eggy bread'이라고도 부른다.)는 놀랄 만큼 적은 재료로 만들 수 있는 멋진 아침 식사다. 오래된 빵, 우유, 설탕, 달걀이면 충분하다. 가볍게 조린 제철 과일을 더하면 카페에서 먹는 브런치가 집에서도 간단하게 완성된다.

잘 익은 자두 6개
정제 황설탕 5큰술
달걀 4개(중)
우유(전지유) 200ml
바닐라 추출액 1작은술
흰 빵(하루 묵은 것이면 딱 좋다.) 8장
버터 2큰술, 필요시 여분
시나몬 가루 1자밤
그리스식 요구르트 4큰술, 곁들임용

1

자두는 반으로 자르고 손가락 또는 칼 끝으로
씨를 조심스럽게 꺼낸다. 중형 냄비에 자두를
담고 설탕 3큰술, 물 5큰술을 뿌린다.

2

냄비 뚜껑을 닫고 두어 번 저으면서 자두가
부드러워지고 분홍빛 시럽이 충분히 배어나올
때까지 15분 정도 조린다. 자두가 너무
익었거나 덜 익었을 경우 조리 시간을 줄이거나
늘인다. 따로 두어 식힌다.

3

오븐을 180℃로 예열하고 종이 행주 적당량과
큰 베이킹 트레이를 준비한다. 큰 볼에 달걀,
우유, 설탕 1큰술, 바닐라 추출액을 넣어서
포크로 잘 섞는다. 빵 한 장을 달걀 물에 푹
잠기도록 넣고 30초간 그대로 둔다. 접시에
옮기고 다른 빵 두어 장으로 같은 과정을
반복한다.

4

큰 들러붙음 방지 코팅 프라이팬을 중간 불에 올린다. 30초 뒤에 버터 1큰술을 더한다. 버터에서 거품이 일기 시작하면 달걀 물을 입힌 빵 3장을 넣는다. 프라이팬이 더 크다면 몇 장 더 추가해도 좋다. 바닥이 노릇해질 때까지 빵을 2분간 구운 다음 뒤집개로 뒤집어서 반대쪽도 노릇해지고 가운데를 누르면 탄력이 느껴질 때까지 2분 더 굽는다. 기다리는 동안 남은 빵을 달걀 물에 적시고 설탕과 시나몬 가루를 따로 섞는다.

5

처음 구운 프렌치 토스트는 시나몬 설탕을 뿌려서 바로 먹거나 종이 행주를 깐 베이킹 트레이에 옮겨서 오븐에 따뜻하게 보관한다.

6

팬 바닥에 남은 버터를 종이 행주로 닦고 나머지 버터를 넣는다. 거품이 일면 남은 빵을 굽는다. 다 익으면 시나몬 설탕을 뿌린다.

7

프렌치 토스트에 자두 조림과 그리스식 요구르트 적당량을 곁들여 낸다.

미리 만들기
자두는 며칠 전에 미리 조려 두었다가 내기 직전에 팬에서 데워도 좋다. 자두가 없다면 살구로 대체하거나 시판되는 병조림 과일 콩포트●를 쓴다.

● 신선한 과일이나 말린 과일을 설탕 시럽에서 천천히 조린 프랑스 디저트.

풀 잉글리시 브렉퍼스트

준비 시간: 10분
조리 시간: 약 30분
2인분 (4인분 조리 용이)

풀 브렉퍼스트●는 세상에서 제일 만들기 쉬운
요리에 속하지만, 모든 음식을 따뜻하게 유지해야
한다는 점이 도전 과제가 된다. 그래서 나는 팬
여러 개를 쓰는 대신 달걀을 제외한 모든 재료를
오븐에서 조리한다. 오븐에서 구우면 팬에서
튀기듯이 지지는 것보다 건강한 풀 브렉퍼스트를
만들 수 있기도 하다. 또한 종류가 다양한 그릴
대신 오븐을 이용하면 조리 시간을 훨씬 정확하게
지정할 수 있다.

질 좋은 돼지고기 소시지 4개
해바라기씨 오일 또는 식물성 오일 2~3큰술
잘 익은 토마토 2개
포르토벨로 버섯●● 처럼 고깔이 넓은 버섯 2개
빵(흰 빵이나 갈색 빵) 2장
얇은 염장 건조 줄무늬 베이컨 6장 또는
    얇은 등심 베이컨●●● 4장
신선한 달걀 2개(중)
소금과 후추

● 주로 베이컨과 소시지, 달걀, 토마토 등을 구워 한 접시에
    담아 먹는 영국의 전통 아침 식사.

●● 양송이 버섯의 일종으로 고깔이 손바닥처럼 큼직하고
    넓은 것이 특징이다.

●●● 삼겹살보다 지방 함량이 낮은 등심 부위로 만든
    베이컨. 캐나디언 베이컨이라고도 부른다.

1
팬을 220℃로 예열한다. 소시지는 그릴 팬
석쇠 위에 얹는다. 겉껍질에 구멍을 뚫지 않고
그대로 둔다. 솔로 오일을 가볍게 바른다.

2
소시지를 오븐에 넣어 10분간 굽는다. 그동안
토마토를 가로로 2등분하고(녹색 꼭지를 따라
세로로 2등분하는 것보다 낫다.) 버섯은 기둥을
자른다. 토마토 단면과 버섯 안쪽 주름에 솔로
오일을 바른다. 소금과 후추로 간을 한다.

3
빵 양면에 솔로 오일을 가볍게 바른 다음
삼각형으로 자른다.

왜 염장 건조 베이컨을 사용할까?
잉글리시 브렉퍼스트에는 염장 건조 베이컨이
제일 잘 어울린다. 이름처럼 돼지고기에
수분을 가하지 않고 염장한 베이컨이다. 구울
때 수분이 덜 빠져나오므로 다른 베이컨보다
덜 줄어들며 바삭하게 익는다. 베이컨은
두께가 천차만별이므로 조리할 때 눈을 떼지
않아야 한다. 너무 빨리 익으면 베이컨만 먼저
접시에 옮기고 알루미늄 포일을 덮어 따뜻하게
보관한다.

4
오븐에서 그릴 팬을 꺼내 소시지를 뒤집는다.
토마토, 버섯, 베이컨을 얹는다. 서로 간격을
충분히 두도록 한다.

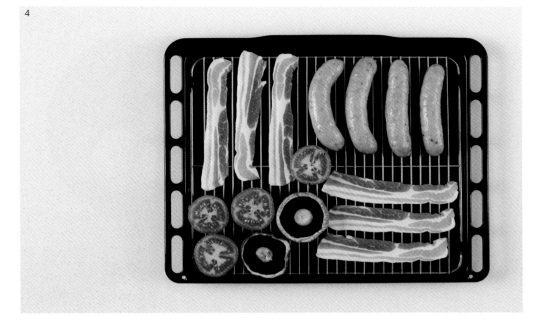

5

그릴 팬을 다시 오븐에 넣어 15분간 굽되
10분이 지나면 빵을 팬에 얹는다. 익으면서
모든 재료가 조금씩 작아지므로 공간이 충분히
생길 것이다. 부족하면 팬을 살짝 흔들어
자리를 만든다. 베이컨의 지방 부분이 노릇하고
가장자리는 바삭하며 토마토는 부드럽고
버섯은 짙은 색을 띠고 촉촉해 보이면 모두
완성된 것이다. 오븐을 끄고 달걀을 부치는 동안
접시 두어 개를 집어 넣어 따뜻하게 데운다.
오븐 문을 살짝 열어 음식이 더 익지는 않지만
따뜻하게 있도록 둔다.

6

프라이팬을 중간 불에 달구고 머그잔
하나와 뒤집개를 준비한다. 남은 오일(약
2작은술가량이 남아 있어야 하며, 부족하면
새로 보충한다.)을 더해 30초간 데운다. 달걀을
깨서 머그잔에 담은 후 오일 위에 붓는다. 남은
달걀로 같은 과정을 반복한다.

제일 신선한 달걀을 사용하자
달걀을 살 때는 언제나 슈퍼마켓 선반 제일
안쪽에 들어가 있는, 유통기한이 제일 긴
제품을 골라야 한다. 날짜가 적혀 있지 않다면
물컵에 넣어서 신선도를 확인하자. 신선한
달걀은 가라앉는다. 오래된 달걀로는 달걀
프라이 대신 스크램블드 에그를 만든다. (28쪽
참조)

7

뒤집개로 뜨거운 오일을 흰자 위에 끼얹어
익히면서 달걀을 3분간 부친다. 달걀은
잔잔하게 지글거려야 한다. 오일이 탁탁 튀기
시작하면 불 세기를 살짝 낮춘다.

8

달걀 프라이를 꺼내서 다른 풀 브렉퍼스트
재료와 함께 따뜻한 접시에 담는다.
바로 먹는다.

과일을 넣은 모닝 머핀

준비 시간: 10분
조리 시간: 20분
12개 분량

모닝 머핀은 토핑이 너무 과하거나 들쩍지근할 때가 많다. 여기서는 촉촉하고 적당한 단맛과 풍성한 식감이 완벽한 균형을 이루는 레시피를 소개한다. 점심시간까지 계속 먹게 될지도 모른다.

피칸 80g
마스코바도 황설탕(또는 다른 설탕) 120g
혼합 씨앗류(호박씨, 참깨, 해바라기씨 추천) 50g
포리지용 압착 귀리 65g
말린 대추야자 12개(약 50g)
건포도 또는 설타나 건포도 50g
셀프 라이징 밀가루 250g
시나몬 가루 ½작은술
무염 버터 120g
플레인 요구르트 250g
달걀 2개(중)
당근 1개(대)
소금

1
12구짜리 머핀 틀에 속이 깊은 종이 틀을
끼우고 오븐을 200℃로 예열한다. 피칸은 굵게
다진다. 작은 볼에 설탕, 씨앗류, 귀리, 피칸을
1큰술씩 담고 잘 섞어 토핑용으로 따로 둔다.

2
대추야자를 주방 가위로 작게 자른다. 큰 볼에
대추와 건포도 또는 설타나 건포도, 남은 설탕,
씨앗류, 귀리, 피칸, 밀가루, 소금 한 자밤을
섞는다.

설탕이 덩어리진다면?
마스코바도 설탕은 다른 설탕보다 부드럽고
끈적여 종종 뭉치기도 한다. 뭉쳤을 경우 가루
재료에 설탕을 더한 다음 손가락으로 덩어리진
부분을 살살 으깨서 부순다.

3
작은 냄비에 버터를 천천히 녹인다. 불에서
내린 후 포크를 이용해 요구르트와 함께 섞은
다음 달걀을 더해 마저 섞는다.

4

당근을 굵게 간다. 갈고 나서 150g을 계량한다.
밀가루 볼에 버터 혼합물과 간 당근을 더한다.
스패출라나 철제 주걱으로 내용물을 빠르게
휘저어 군데군데 마른 밀가루가 아직 보일
정도로만 적당히 고루 섞는다. 너무 많이
휘저으면 머핀이 질겨지므로 주의한다.

5

머핀 틀에 반죽을 골고루 나누어 담는다.
찻숟가락 2개를 이용하면 간단하게 담을 수
있다. 찻숟가락 1개로 반죽을 수북하게 푼 다음
다른 찻숟가락 1개로 반죽을 훑어 틀에 담는다.
반죽을 모두 담고 나면 머핀 틀이 전부 꽉 찰
것이다. 토핑 재료를 뿌린다.

6

머핀이 부풀고 노릇노릇하며 맛있는 향기를 풍길
때까지 20분간 굽는다. 5분간 식힌 다음 꺼내서
식힘망에 얹는다. 따뜻하게 또는 차갑게 먹는다.

다 익었는지 보려면?
머핀을 하나 골라 꼬챙이나 이쑤시개로 찔러
본다. 꼬챙이에 반죽이 묻어나오면 오븐에서
5분간 더 굽는다.

머핀 보관하는 법
머핀은 밀폐 용기에 담아 3~4일간 보관할 수
있다.

우에보스 란체로스
(매콤한 멕시코식 콩과 달걀 요리)

준비 시간: 30분
조리 시간: 10분
2인분(4인분 조리 용이)

놀랍도록 건강하고 푸짐한 채식 메뉴로 아침을
짜릿하게 시작해 보자. 달걀에 치즈를 더하고
싶으면 체다 치즈처럼 풍미가 좋은 치즈를 한 줌
갈아서 5번 과정 마무리 단계에서 그릴에 올리기
직전 뿌려, 달걀이 마저 익는 동안 녹인다.

양파 1개
빨강 파프리카 1개
풋고추 ½개
굵은 마늘 1쪽
식물성 오일 또는 해바라기씨 오일 1큰술
생고수 1단(소)
커민 가루 1작은술
통조림 다진 토마토 1통(400g 들이)
치폴레 페이스트 1작은술
통조림 핀토 콩, 물기를 뺀 것 1통(400g 들이)
달걀 2개(중)
소금과 후추
부드러운 밀 토르티야, 곁들임용(선택 사항)

1

2

3

1
양파는 반으로 잘라 채 썰고 빨강 파프리카는 씨를 제거해 굵직하게 썬다. 고추는 송송 썰고(매운맛을 좋아한다면 씨를 제거하지 않는다.) 마늘은 으깬다. 오븐 조리가 가능한 중형 프라이팬을 약한 불에 달구고 오일을 두른다. 30초 후에 손질한 채소를 넣어 잘 휘젓는다.

2
채소가 부드러워질 때까지 10분간 천천히 익힌다.

3
채소를 부드럽게 익히는 동안 고수 줄기를 곱게 다진다. 고수 줄기와 커민을 팬에 넣어 향이 올라올 때까지 3분간 더 익힌다. 토마토와 치폴레 페이스트, 핀토 콩을 팬에 붓고 토마토 즙이 살짝 걸쭉해질 때까지 5분간 뭉근하게 익힌다. 소금과 후추로 간을 한다. 브로일러를 중간 세기로 예열한다.

치폴레 페이스트
치폴레 페이스트를 넣으면 콩에 달콤한 훈연 향을 가미하면서 전체적인 풍미를 부드럽게 한다. 구하기 힘들면 토마토 퓌레 1작은술, 설탕 1작은술, 파프리카 가루 또는 훈제 파프리카 가루 ½작은술로 대체한다.

핀토 콩
멕시코 요리에 전통적으로 사용하는 콩 종류로, 구하기 힘들면 볼로티 콩Borlotti beans을 대신 사용한다.

● 흰 바탕에 붉은 무늬가 있는 콩 종류.

4

달걀을 깨서 작은 컵에 담는다. 숟가락으로
콩에 우물을 두 군데 판 다음 달걀을 흘려
넣는다. 남은 달걀을 깨서 작은 컵에 담고 빈
우물에 붓는다.

5

프라이팬 뚜껑을 닫고 달걀이 아랫부분은
익었지만 윗부분은 아직 흔들릴 때까지 5분간
천천히 익힌다. 이어서 프라이팬을 브로일러에
넣고 원하는 달걀 상태에 따라 1~2분간 구워
윗부분을 마저 익힌다.

6

고수 잎을 굵게 다져서 달걀 위에 뿌린 다음
낸다. 따뜻하게 데운 밀 토르티야와 잘
어울린다.

토르티야 데우기
부드러운 밀 토르티야는 대부분의
슈퍼마켓에서 구입할 수 있다. 따뜻하게
데우려면 전자레인지에 재빨리 돌리거나
알루미늄 포일에 싸서 180℃의 오븐에 10분간
둔다.

블루베리와 시럽을 뿌린
버터밀크 팬케이크

준비 시간: 10분

조리 시간: 15분

4인분(팬케이크 16개 분량)

층층이 쌓아 올린 가볍고 폭신폭신한
팬케이크를 마다할 사람이 있을까?
메이플 시럽을 듬뿍 뿌린 팬케이크는
누구나 좋아하는 메뉴이다.

셀프 라이징 밀가루 250 g

정제 황설탕 3큰술

베이킹 파우더 2작은술

천일염 플레이크 ½작은술

무염 버터 1큰술, 곁들임용 여분

우유 100ml

버터밀크 1병(284ml)

바닐라 추출액 1작은술

달걀(중) 2개

무왁스 레몬 1개

식물성 오일 또는 해바라기씨 오일 2큰술 이상,
    조리용 여분

블루베리 200 g

메이플 시럽, 곁들임용

1

큰 볼에 밀가루, 설탕, 베이킹 파우더, 소금을 섞는다. 거품기로 혼합물 가운데에 우물을 판다.

2

작은 팬에 버터를 녹이고 불에서 내린다. 우유, 버터밀크, 바닐라, 그리고 마지막으로 달걀을 넣으면서 휘저어 섞는다. 레몬 제스트를 곱게 갈아 넣어 섞는다.

버터밀크가 없다면?

버터밀크에는 가벼운 산미가 있어 반죽을 훨씬 보송보송하고 가볍게 한다. 버터밀크를 구할 수 없다면 요구르트를 대신 넣거나 간단하게 볼 또는 그릇에 우유 250ml를 붓고 레몬즙 ½개 분량을 더해 섞는다. 우유가 걸쭉하고 덩어리져 보일 때까지 2~3분간 재운 다음 사용한다.

3

액상 재료를 가루 재료 가운데 우물에 붓는다.

4

거품기로 휘저어 걸쭉하고 매끄러운 반죽을 만든다. 팬케이크를 전부 부친 다음에 먹기 시작할 예정이라면 오븐을 140℃로 예열한다.

5

큰 들러붙음 방지 코팅 프라이팬을 중간 불에 달군다. 오일 1작은술을 두르고 2~3초간 달군 다음 반죽을 수북하게 1큰술씩 세 번 떠서 팬에 각각 얹고 숟가락 뒷면으로 펴 바른다. 반죽은 오일에 처음 닿자마자 잔잔하게 지글거리는 소리를 내야 한다. 표면에 작은 기포가 터지기 시작하고 가장자리가 노릇해질 때까지 1분간 굽는다.

6

뒤집개로 팬케이크를 뒤집는다. 남은 팬케이크 2개도 마저 뒤집은 다음 부풀어 올라 가운데 부분을 만지면 탄력이 느껴질 때까지 뒷면을 1분간 굽는다. 접시에 옮긴다. 바로 먹거나 나머지 팬케이크를 부치는 동안 예열한 오븐에 따뜻하게 보관한다. 새로 반죽을 넣기 전에 오일을 1작은술씩 더 두른다.

7

팬케이크에 버터 한 조각을 곁들이고 메이플 시럽과 블루베리 한 줌을 더해서 뜨겁게 낸다.

아침에 부치기 번잡스럽다면?
팬케이크는 갓 만들었을 때 제일 맛있지만, 전날 밤에 미리 만들었다가 아침에 데워 먹을 수도 있다. 오븐을 180℃로 예열하고 팬케이크를 내열 그릇에 담는다. 알루미늄 포일을 덮어 10분간 데운 다음 버터, 시럽, 베리류를 곁들여 낸다.

옥수수 팬케이크와
아보카도 살사 및 베이컨

준비 시간: 20분
조리 시간: 약 15분
4인분(팬케이크 12개 분량)

지글지글 부친 옥수수 팬케이크와 바삭한
베이컨, 상큼한 살사로 지루했던 아침 식사나
브런치를 산뜻하게 바꿔 보자. 반죽을
완성하자마자 바로 부쳐야 폭신하고 가벼운
옥수수 팬케이크를 만들 수 있다.

잘 익은 아보카도 2개
쪽파 1단
맵지 않은 홍고추 1개
라임 2개
셀프 라이징 밀가루 200g
베이킹 파우더 ½작은술
천일염 플레이크 ¼작은술
우유 200ml
달걀 2개(중)
통조림 스위트콘, 물기를 뺀 것 2통(각 198g
　들이)
해바라기씨 오일 또는 식물성 오일 3큰술
얇은 염장 건조 줄무늬 또는 등심 베이컨(37쪽
　참조) 8장
소금과 후추
칠리 소스, 곁들임용(선택 사항)

1

먼저 살사를 만든다. 아보카도를 반으로 자른다. 칼날이 씨에 닿을 때까지 아주 조심스럽게 밀어 넣는다. 칼날이 씨에 닿은 상태를 유지하면서 아보카도 주위로 한 바퀴 돌려서 자른다. 칼을 꺼내고 아보카도를 비틀어 두 조각으로 분리한다. 숟가락으로 씨를 파낸다. 과육에서 껍질을 벗기고 적당히 깍둑 썰거나, 편한 대로 과육을 찻숟가락으로 파내서 볼에 담는다.

아보카도 고르는 법
잘 익은 아보카도는 녹색보다 검은색에 가까운 빛깔을 띠며 꼭지 부분을 엄지로 누르면 살짝 말랑하게 느껴져야 한다. 부드러운 아보카도는 너무 많이 익은 것이니 버린다.

2

쪽파는 얇게 송송 썰고 고추는 씨를 뺀 후 다진다. 절반 분량의 쪽파와 고추를 아보카도와 함께 섞은 후 소금과 후추로 간을 한다. 라임을 반으로 갈라 즙을 짠 다음 아보카도에 뿌린다. 잘 섞은 후 따로 둔다.

고추 씨 빼는 법
고추를 길게 자른 다음 찻숟가락 끝부분을 이용해 매운 씨와 흰색 속살을 긁어낸다.

3

옥수수 팬케이크 반죽을 만든다. 큰 볼에 밀가루, 베이킹 파우더, 소금을 섞은 후 우유와 달걀을 넣는다. 휘저어 매끄럽고 걸쭉한 반죽을 만든다. 스위트콘과 남은 고추, 쪽파를 더해 젓는다.

4

그릴을 강한 불에 예열해 베이컨을 구울 준비를 한다. 옥수수 팬케이크용으로 큰 들러붙음 방지 코팅 프라이팬을 중강 불에 올린다. 오일 2작은술을 두르고 30초간 데운 다음 옥수수 팬케이크 반죽을 수북하게 1큰술씩 세 번 떠서 팬에 서로 충분히 간격을 두고 얹는다. 가장자리가 노릇해지고 반죽 윗부분에 기포가 올라올 때까지 1분간 그대로 둔다.

5

팔레트 나이프나 뒤집개로 옥수수 팬케이크를 뒤집는다. 잘 부풀고 가운데 부분을 만지면 탄력이 느껴질 때까지 1분 더 굽는다. 접시에 옮겨서 온도가 낮은 그릴 아래쪽 부분이나 낮은 온도로 예열한 오븐에 따뜻하게 보관한다. 남은 오일과 반죽으로 같은 과정을 반복한다.

6

그릴 팬의 석쇠에 베이컨을 얹고 바삭하고 노릇해질 때까지 한 면당 3분씩 굽는다.

7

따뜻한 접시에 옥수수 팬케이크를 담고 살사와 베이컨을 곁들여 낸다. 칠리 소스를 약간 뿌려도 좋다.

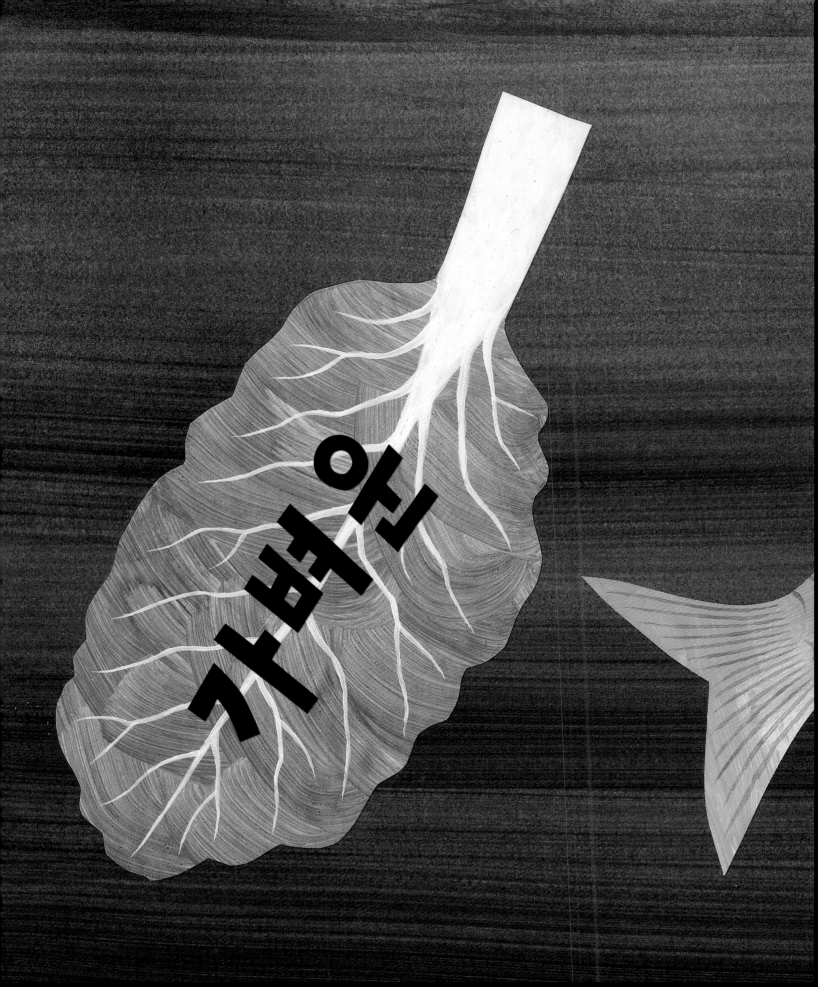

구운 햄 치즈 샌드위치

준비 시간: 10분

조리 시간: 약 3분

1인분 (2배 조리 용이)

크로크 무슈Croque monsieur● 라고도 불리는 간단한 구운 햄 치즈 샌드위치는 살면서 누릴 수 있는 단순한 기쁨 중 하나다. 지극히 쾌락에 충실한 음식이라는 점에는 변명의 여지가 없지만, 충분히 그럴 가치가 있는 맛이 난다. 코니숑●●을 조금 곁들여 내자.

그뤼에르 또는 에멘탈, 프로볼로네, 체다 같이 잘 녹는 치즈 50g

껍질이 바삭한 흰 빵 2장

익힌 햄 1~2장

부드러운 버터 1큰술

홀그레인 머스터드 1작은술

코니숑, 곁들임용(선택 사항)

● 바삭한 아저씨라는 뜻으로, 과거 광산에서 광부들이 차가운 샌드위치를 난로에 올려 데워 먹은 것에서 이런 이름이 붙었다.

●● 손가락만 한 작은 오이로 만든 아삭한 프랑스식 피클.

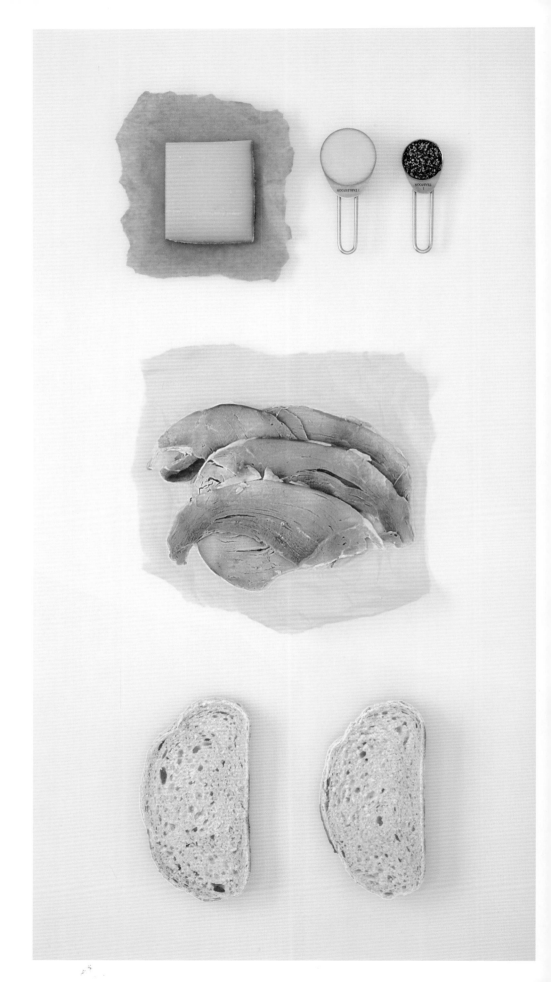

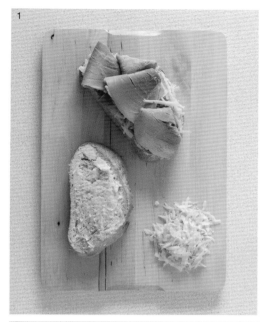

1

브로일러를 강한 불로 예열한다. 치즈를 갈고 빵 2장의 양면에 버터를 넉넉히 바른다. 빵 1장에 ⅔분량의 치즈를 올리고 햄을 얹는다.

2

다른 빵 1장의 한 면에 머스터드를 바르고 햄 위에 머스터드 바른 면이 아래로 오도록 얹어서 샌드위치를 만든다.

3

샌드위치를 들러붙음 방지 코팅 베이킹 트레이 또는 유산지를 깐 트레이에 얹고 브로일러에 빵 윗부분이 노릇해지고 보글거릴 때까지 1분 30초간 굽는다. 뒤집개를 이용해 샌드위치를 뒤집어 반대쪽도 마저 굽는다.

4

브로일러에서 샌드위치를 꺼내 위에 남은 치즈를 뿌린다. 가장자리에도 치즈를 충분히 뿌려 데우는 동안 빵이 타지 않도록 한다.

5

샌드위치를 다시 브로일러에 얹어 치즈가 노릇하고 보글거리며 가장자리로 녹아 내릴 때까지 1분에서 1분 30초간 굽는다. 취향에 따라 코니숑을 곁들여 바로 낸다.

쿠스쿠스 하리사 샐러드

준비 시간: 25분
조리 시간: 10분
4인분

모로코 풍을 살짝 가미한 향긋하고 가벼운
샐러드로 점심 식사를 차려 보자. 바비큐나
뷔페에 곁들임 요리로 내놓기도 좋다.
병아리콩이나 잘게 부순 페타 치즈, 잘게 찢은
훈제 고등어 등을 조금 더해서 나만의 샐러드를
만들어 보는 건 어떨까?

파프리카 2개(노랑 1개, 빨강 1개)
사프란 가닥 1자밤(선택 사항)
뜨거운 채소 국물 또는 닭 육수 300ml
쿠스쿠스 200g
말린 살구 또는 설타나 건포도 50g
시나몬 가루 1작은술
커민 씨 또는 커민 가루 1작은술
굵은 마늘 1쪽
무왁스 레몬 1개
엑스트라 버진 올리브 오일 2큰술
구운 아몬드 플레이크 50g
쪽파 1단 또는 적양파 ½개
되직하고 크리미한 요구르트 200g
하리사 페이스트 1작은술, 취향에 따라 추가
생민트 1줌
소금과 후추

1

브로일러를 강한 불로 예열하고 그릴 팬 또는
베이킹 트레이에 가볍게 오일을 바른다.
파프리카를 심 기준으로 2등분해 그릴 팬 또는
베이킹 트레이에 얹는다. 껍질이 까맣게 될
때까지 약 10분간 굽는다.

2

파프리카를 비닐 봉지에 담고 입구를 여미거나
볼에 담고 랩을 씌운다. 만질 수 있을 정도로
식을 때까지 2~3분간 그대로 둔다. 파프리카의
껍질을 벗기고 심과 씨를 제거한 다음 속살을
길게 썬다.

그릴에 구운 파프리카
파프리카를 직접 구워서 사용하면 병조림
제품을 사서 쓸 때보다 경제적이고 맛도
좋지만, 시간이 중요할 때는 시판 제품을 써도
좋다. 가능하면 그릴에 구운 다음 오일에 담은
것을 고르자.

3

기다리는 동안 (만약 사용한다면) 사프란을
뜨거운 육수에 섞는다. 큰 볼에 쿠스쿠스를
담고 육수를 더한 다음 랩을 씌운다. 10분간
그대로 둔다.

4

드레싱을 만든다. 작은 팬을 약한 불에 올리고
시나몬과 커민을 더한다. 향신료에서 향이
올라올 때까지 1~2분간 가열한 다음 불에서
내린다. 마늘은 으깨고 레몬은 제스트를 갈고
즙을 짠다. 팬에 레몬 제스트와 즙, 마늘, 오일을
넣고 소금과 후추로 간을 한다.

5

쿠스쿠스가 육수를 모두 흡수해 부풀어 오르고
겉이 건조해 보이면 포크로 뭉친 부분을 풀면서
푸슬푸슬하게 살살 부풀린다. 매콤한 드레싱을
쿠스쿠스를 골고루 버무릴 수 있을 만큼 넣고
섞은 다음 파프리카와 구운 아몬드를 더한다.
양파를 저며 볼에 담고 골고루 버무린다.

아몬드 굽는 법
슈퍼마켓에 구운 아몬드가 없다면 아몬드
적당량을 베이킹 트레이에 담고 180℃로
예열한 오븐에서 4~5분간 노릇하게 굽는다.
또는 팬에 담고 잔잔한 불에서 자주 뒤적이며
5분간 굽는다.

6

요구르트에 하리사를 약간 두르고 휘저어서
무늬를 낸다. 민트 잎을 뜯어 쿠스쿠스에 얹고
매콤한 요구르트 소스를 한 덩이 곁들여 낸다.

하리사 페이스트
북아프리카산 향신료인 매콤하고 향긋한
하리사 페이스트는 고추와 고수, 마늘, 올리브
오일 등을 넣어 만든다. 구할 수 없다면 칠리
소스로 대체해도 좋다.

그릴에 구운 염소젖 치즈와 비트 샐러드

준비 시간: 15분
조리 시간: 15분
2인분 (4인분 조리 용이)

손댈 곳 없이 완벽한 비스트로풍 샐러드지만,
껍질이 바삭한 빵과 차가운 화이트 와인 한
잔을 곁들인다고 불평할 사람은 없을 것이다.
4인 식사의 전채로 내놓아도 좋다.

잣 25g
적양파 ½개
레드 와인 식초 2큰술
엑스트라 버진 올리브 오일 2큰술
액상 꿀 2작은술
염소젖 치즈(껍질 있는 것) 2개(각 100g)
생타임 줄기 2개
익힌 비트 4개(중, 식초에 절인 것 제외)
모듬 샐러드 채소 1봉(80g)
소금과 후추

1

소형 프라이팬을 약한 불에 올리고 잣을
넣는다. 자주 뒤적이면서 노릇하게 익을 때까지
5분간 천천히 익힌다. 완성되면 접시에 담는다.

2

드레싱을 만든다. 양파를 곱게 다져 작은 볼에
담는다. 식초, 오일, 꿀, 소금, 후추를 더한 다음
따로 둔다.

3

브로일러를 중간 불로 예열한다. 치즈를 반으로
자르고 들러붙음 방지 코팅 베이킹 트레이
또는 유산지를 깐 트레이에 단면이 위로 오도록
얹는다. 타임 잎을 따서 치즈 단면에 뿌린다.
소금과 후추로 간을 한다.

4

브로일러에 치즈를 넣고 녹으면서 가장자리가
노릇해지기 시작할 때까지 5분간 굽는다.

5

치즈를 익히는 동안 비트를 쐐기 모양으로 썬다.
샐러드 채소를 접시 2개에 나누어 담는다. 잣을
뿌린다.

6

팔레트 나이프나 뒤집개로 트레이에서 치즈를
건져 각 접시에 얹는다. 드레싱과 다진 양파를
골고루 두른다. 바로 먹는다.

닭고기 시저 샐러드

준비 시간: 15분
조리 시간: 15분
4인분(2인분 조리 용이)

고전적인 시저 샐러드에 그릴에 구운 닭고기를
더하면, 엄밀히 말해 원조 레시피는 아니지만
사람들이 아주 좋아하는 점심 식사가 된다.
채소에 드레싱이 골고루 잘 묻어야 맛있다.
필요하면 손을 써서 직접 상추와 드레싱을
버무리도록 한다.

아주 두꺼운 양질의 흰 빵 4장(총 약 250g)
마일드 올리브 오일 2큰술
껍질과 뼈가 없는 닭 가슴살 4개
마늘 1쪽
오일에 절인 안초비 필레(통조림), 기름기를 뺀
　　것 2장(선택 사항)
디종 머스터드 ½작은술
마요네즈 4큰술
레드 또는 화이트 와인 식초 1작은술
파르미지아노 치즈 50g
로메인 또는 코스 상추 1개
소금과 후추

1

오븐을 200℃로 예열한다. 빵은 가장자리를 자르고 2.5cm 크기로 깍둑 썬다. 빵을 큰 베이킹 트레이에 펼쳐 담고 절반 분량의 오일을 뿌린다. 골고루 잘 버무린 다음 소금과 후추로 간을 한다.

2

베이킹 트레이를 오븐에 넣고 빵이 바삭하고 노릇해지도록 15분간 굽는다.

3

그동안 닭고기를 익힌다. 테두리가 있는 그릴 팬 또는 프라이팬을 중간 불에 올리고 뜨겁지만 연기가 나지 않을 정도로 2~3분간 달군다. 그릴 팬을 사용할 때는 닭고기에 올리브 오일을 약간 바른다. 프라이팬을 사용할 때는 팬에 오일을 두른다. 닭고기에 소금과 후추로 간을 한 다음 팬에 올려서 노릇노릇하고 다 익을 때까지 한 면당 5분씩 굽는다. 고기 겉이 노릇해지고 팬 바닥에서 깔끔하게 떨어져 나오려면 시간이 걸리므로 4~5분이 지나기 전까지는 닭고기를 건드리지 않는다. 따로 두어 휴지하며 식힌다.

다 익었는지 확인하려면?
어차피 잘라서 내므로 닭고기의 제일 두꺼운 부분을 썰어 다 익었는지 확인해도 좋다.
살점에서 분홍빛이 사라지고 맑은 육즙이 흘러야 한다. 필요하면 1~2분 정도 더 익힌다.

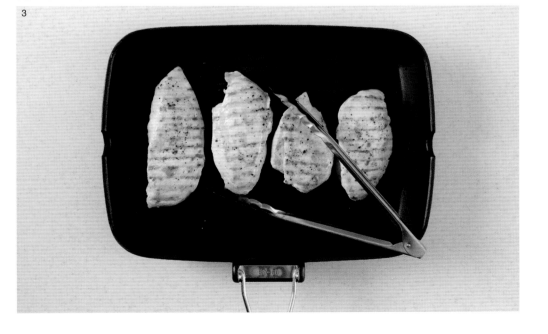

4

닭고기를 굽는 동안 드레싱을 만든다. 마늘을 으깨 볼에 담는다. (만약 사용한다면) 안초비를 곱게 다져 마늘에 더한 다음 머스터드, 마요네즈, 식초, 찬물 2큰술을 넣는다. 치즈를 곱게 갈아 절반 분량을 볼에 더해 섞는다. 맛을 보고 간을 맞추되 소금은 적당히 양을 조절한다. 드레싱은 너무 묽지 않고 숟가락으로 뜰 수 있는 농도가 되어야 하므로 너무 되직하면 물을 조금 넣어 섞는다. (마요네즈 브랜드에 따라 상태가 달라진다.)

안초비 사용하기
시저 샐러드에는 안초비를 아끼지 말자. 절대 비리지 않다. 오히려 시저 드레싱 맛의 기본이 되고 깊은 감칠맛을 더한다.

5

상추를 손질한다. 질기거나 시든 겉잎을 전부 제거하고 잘 씻은 다음 물기를 충분히 제거한다. 작은 잎은 그대로 두고 큰 잎은 잘게 뜯는다. 큰 그릇에 담는다.

상추 손질하기
상추를 씻고 말릴 때는 볼에 찬물을 채우고 상추를 넣는다. 살살 휘저어 씻은 다음 물을 버린다. 상추를 채소 탈수기에 돌려 물기를 제거하거나 깨끗한 행주 또는 종이 행주로 두드려 말린다.

6

크루통과 드레싱을 절반 분량씩 볼에 담고 상추에 드레싱이 골고루 묻도록 잘 버무린다.

7

닭고기를 길게 잘라 샐러드 위에 뿌린다. 남은 파르미지아노 치즈와 크루통을 뿌리고 남은 드레싱을 두른다. 바로 낸다.

닭고기 누들 수프

준비 시간: 15분
조리 시간: 25분
4인분

원기를 보충해 주는 저지방 닭고기 수프는 시판
봉지 제품보다 훨씬 맛있고 조리 시간도 짧다.
닭고기를 수프에 넣어 삶으면 국물에 풍미를
더할 수 있고, 고기도 퍽퍽해지지 않는다.

셀러리 2대
당근 2개(중)
버터 25g
천일염 플레이크 ½작은술
생타임 1줄기
월계수 잎 1장
껍질과 뼈를 제거한 닭 가슴살 2개
닭 육수 1.2L
가는 에그 누들 1뭉치(약 65g)
생이탈리안 파슬리 1줌(소)
레몬 ½개
소금과 후추
껍질이 바삭한 빵, 곁들임용(선택 사항)

1

셀러리와 당근을 잘게 썬다. 중형 팬을 약한
불에 달구고 버터를 넣는다. 거품이 일기
시작하면 셀러리와 당근, 소금을 넣고 후추를
조금 갈아 뿌린 다음 타임 잎과 월계수 잎을
더한다. 뚜껑을 닫고 채소가 부드러워지기
시작할 때까지 가끔 저으면서 10분간 잔잔하게
익힌다.

2

닭 가슴살을 채소 위에 얹고 육수를 붓는다.

3

팬 내용물을 한소끔 끓인 다음 불 세기를
낮추고 뭉근하게 끓는 상태를 유지한다. 뚜껑을
닫고 닭고기가 익고 채소가 부드러워질 때까지
10분간 익힌다. 닭고기를 팬에서 꺼내 도마에
얹는다. 고기를 포크 2개로 잘게 찢거나 칼로
작게 썬 다음 다시 팬에 넣는다.

닭고기가 다 익었는지 확인하려면?
10분 후면 닭고기는 분홍색에서 흰색으로
변했을 것이다. 판단하기 애매하면 한
조각을 꺼내 제일 두꺼운 부분을 잘라 본다.
전체적으로 흰색을 띠어야 한다. 그렇지 않으면
다시 팬에 넣고 1~2분간 익힌다.

4

둥지 모양 면을 손으로 부숴 팬에 넣고
부드러워질 때까지 4분간 뭉근하게 익힌다.
파슬리를 굵게 다져 넣고 섞는다. 레몬즙을
조금 짜 넣고 맛을 본 다음 소금과 후추로 간을
맞춘다.

5

수프만 먹거나 껍질이 바삭한 빵과 버터를
곁들인다.

미리 만들기
수프를 미리 만들어 둘 때는 3번 과정 마무리
단계까지 진행한 다음 조리를 멈춘다. 일단
식으면 냉장고에 차갑게 보관한다. 내기 전에
수프를 다시 한소끔 끓인 다음 면을 넣고 남은
과정을 진행한다.

토마토 타임 수프

준비 시간: 5분

조리 시간: 20분

4인분

이런 수프를 만들 때는 생토마토보다 맛이
강렬한 통조림 토마토를 쓰는 편이 좋다.

당근 1개

양파 1개

버터 25g

생타임 1줄기

굵은 마늘 1쪽

선드라이 토마토 페이스트 2큰술

통조림 다진 플럼 토마토 3통(각 400g 들이)

뜨거운 닭 육수 또는 채소 국물 600ml

싱글 또는 더블 크림 3큰술, 곁들임용 여분

소금과 후추

껍질이 바삭한 빵, 곁들임용(선택 사항)

1

당근은 굵게 갈고 양파는 다진다. 중형 팬에 버터를 녹이고 양파와 당근을 넣은 다음 타임 잎을 장식용으로 조금 남기고 전부 넣는다. 소금과 후추로 간을 하고 뚜껑을 닫는다.

2

불 세기를 약하게 유지하며 채소가 부드럽고 달콤하지만 색이 나지는 않을 정도로 15분간 익힌다. 조리하면서 두어 번 내용물을 저어 섞는다. 그동안 마늘을 얇게 저미거나 으깨서 팬에 넣는다.

3

선드라이 토마토 페이스트, 토마토, 육수를 넣어 저은 다음 채소가 부드러워지도록 5분간 뭉근하게 익힌다.

선드라이 토마토 페이스트

선드라이 토마토 페이스트는 일반 토마토 페이스트보다 약간 달고 오일이 함유되어 있어 수프에 넣으면 질감을 더한다. 구할 수 없다면 일반 토마토 페이스트를 사용하고 설탕을 한 자밤 더한다.

4

크림을 붓고 스틱 블렌더로 팬에 담긴 수프를 부드럽게 간다. 또는 믹서에 넣고 간다. 소금과 후추로 간을 맞춘다.

5

수프를 국자로 볼에 퍼 담고 여분의 크림을 부어 살짝 휘저은 다음 남은 타임을 뿌리고 취향에 따라 껍질이 바삭한 빵을 곁들여 낸다.

변주

첫 코스로 낼 때는 질감을 조금 더 부드럽고 매끄럽게 만드는 것이 좋다. 수프를 간 다음 체에 한 번 걸러 다른 팬에 넣는다. 다시 데울 때는 팔팔 끓이면 질감이 바뀌니 주의한다.

그리스식 샐러드

준비 시간: 20분
4인분

토마토가 제철인 여름에 만드는 고전적인
샐러드다. 껍질이 바삭한 빵을 곁들이면 가벼운
식사도 된다. 푸짐한 요리로 만들고 싶다면
통조림 버터콩을 씻어 3번 과정에 섞어 넣는다.
양고기나 닭고기 바비큐에 곁들임 요리로도
좋다.

완숙 후 수확한 토마토 8개(중) 또는 4개(대)
적양파 1개(소)
레드 와인 식초 1큰술
엑스트라 버진 올리브 오일 80ml
말린 오레가노 2작은술
오이 1개
빨강 파프리카 ½개
생이탈리안 파슬리 1줌
씨를 뺀 칼라마타 올리브● 또는 검은 올리브
    80g
페타 치즈 200g
소금과 후추
껍질이 바삭한 빵, 곁들임용(선택 사항)

● 남부 그리스의 도시 칼라마타에서 재배되는 세계에서
   가장 오래된 올리브 품종 중 하나로, 향과 맛이 좋다.

1

토마토는 쐐기 모양으로 6등분하고 적양파는 얇게 저민다. 큰 볼에 담는다. 식초와 오일 3큰술을 두르고 오레가노 1작은술을 뿌린 다음 소금과 후추로 간을 한다. 10분간 재운다. 그러면 양파가 살짝 부드러워지면서 토마토에서 즙이 배어 나와 드레싱이 맛있어진다.

토마토 고르는 법
완벽하게 익은 토마토는 루비처럼 짙은 붉은색을 띠고 만지면 살짝 말랑말랑하며 향이 좋다. 특별한 품종이 아니라면 꼭지 주변이 아직 푸릇푸릇하거나 흐릿한 주황빛이 도는 토마토는 풍미가 좋지 않으니 피하도록 한다.

2

그사이 오이를 반으로 썰고 다시 길게 반으로 가른다. 채소 필러로 껍질을 벗긴다. 찻숟가락을 이용해서 씨를 파내 제거한다. 그러면 오이가 축축해지지 않는다. 반달 모양으로 송송 썬다.

3

파프리카는 씨를 제거하고 곱게 채 썬다. 파슬리는 굵게 다져 피망, 오이, 올리브와 함께 볼에 담고 잘 섞는다. 치즈를 거친 주사위 모양으로 잘게 부순다.

접시 또는 얕은 볼에 샐러드를 담고 치즈를 얹는다. 남은 오레가노를 치즈 위에 뿌리고 남은 오일을 골고루 두른다. 껍질이 바삭한 빵을 곁들여 낸다.

새우 버섯 락사

준비 시간: 10분
조리 시간: 10분
4인분(2인분 조리 용이)

후루룩 마시는 매콤한 국수 종류는 동남아시아
전역에서 간편하게 즐겨 먹는 전형적인
음식이다. 락사 페이스트를 구하기 힘들다면
태국식 레드 또는 그린 커리 페이스트로
대체하자. 정통 태국 제품을 사용해야 최고의
맛을 낼 수 있다. 락사 페이스트 자체는 맵지
않으므로, 매운 음식을 좋아한다면 2번
과정에서 다진 고추를 약간 더한다.

쌀국수(두꺼운 것 또는 가는 것) 100g
표고버섯 또는 느타리버섯 150g
쪽파 1단
식물성 오일 또는 해바라기씨 오일 2작은술
락사 페이스트 또는 타이 커리 페이스트(레드
　또는 그린) 2큰술
코코넛 밀크 1통(400g 들이, 취향에 따라
　저지방 사용 가능)
생선 또는 닭 육수 400ml
생새우 (대) 200g
숙주 150g
피시 소스 1~2큰술, 양념용 여분
라임 1개
설탕 ½작은술
생고수 1줌, 곁들임용

1
주전자에 물을 끓인다. 쌀국수를 큰 볼에 담고 끓는 물을 잠길 만큼 붓는다. 나머지 과정을 진행하는 동안 국수를 불린다. 중간중간 저어 서로 달라붙지 않도록 한다.

2
그동안 버섯을 두껍게 저미고 양파를 굵게 채 썬다. 냄비에 오일 1작은술을 두르고 강한 불에 올린다. 버섯과 쪽파를 넣고 부드러워질 때까지 2분간 볶는다. 접시에 담는다.

3

불 세기를 낮추고 남은 오일을 두른다. 락사
또는 태국식 커리 페이스트를 넣고 자주 저으며
향이 올라올 때까지 3분간 지글지글 볶는다.

4

코코넛 밀크와 육수를 넣고 섞은 다음 2분간
뭉근하게 익힌다. 새우를 팬에 넣고 살이
회색에서 분홍색으로 바뀔 때까지 3분간
뭉근하게 익힌다.

새우 고르는 법

냉동 새우는 바다에서 잡자마자 바로 냉동한
제품으로, 냉장 보관 새우보다 품질이 더 좋을
때도 있다. 냉동 생새우를 빠르게 해동하려면
볼에 담고 찬물을 잠기도록 붓는다. 물을 두어
번 갈면서 10분 정도 해동한다. 물기를 충분히
뺀다.

5

숙주를 넣고 섞은 다음 쪽파와 버섯을 다시
팬에 넣는다. 국물에 피시 소스, 라임즙,
설탕으로 간을 한 다음 불에서 내린다. 숙주는
아직 아삭한 질감이 남아 있어야 한다.

6

쌀국수를 체에 밭쳐 그릇 4개에 나누어 담는다.
국물을 국자로 퍼서 담고 고수를 뜯어 뿌려
낸다.

간단 허브 오믈렛

준비 시간: 5분
조리 시간: 1~2분
1인분

오믈렛보다 빠르게 만들 수 있는 음식은 없다.
맛있는 오믈렛을 만들고 싶다면 되도록 자연
방사한 닭이 낳은 유기농 달걀을 사용하자.
기본 오믈렛 만드는 법을 터득하고 나면
86쪽의 변형 조리법을 시도해 보아도 좋다.

달걀 3개
생골파 1줌
버터 1큰술
소금과 후추

1

오븐을 140℃로 예열하고 접시 하나를 넣어 데운다. 달걀을 볼 또는 그릇에 깨 담는다. 포크로 흰자가 노른자가 적당히 섞일 만큼 푼다. 전체적으로 노란색이 되기 전에 멈춰야 한다. 소금과 후추로 넉넉히 간을 한다.

2

골파는 곱게 다지거나 편한 대로 주방 가위로 송송 자른다. 달걀 물에 넣고 섞는다.

3

작은 들러붙음 방지 코팅 프라이팬을 강한 불에 달군 다음 버터를 넣는다. 버터에서 거품이 일면 팬을 기울여 바닥에 고루 두른다.

4

달걀 물을 붓고 타이머를 1분으로 맞춘다. 달걀이 버터에 닿는 순간 익으면서 지글거리기 시작할 것이다. 포크를 이용해서 달걀 물을 이리저리 천천히 휘젓는다. 윗부분은 아직 액체 상태지만 아래쪽 달걀은 두툼하게 익기 시작할 것이다.

5

전체적으로 거의 굳고 윗부분에 달걀 물이 소량 남아 살짝 흐를 정도로 익을 때까지 계속 달걀 물을 천천히 휘젓는다. 팬을 불에서 내린다. 매끄럽고 부드러운 오믈렛을 만들려면 이 단계에서 달걀을 너무 많이 익히지 않는 것이 매우 중요하다.

6

프라이팬을 따뜻한 접시 위로 가져다 댄다. 팬을 흔들어 오믈렛을 절반 정도만 팬에서 접시로 옮긴다. 잘 되지 않으면 뒤집개로 들어서 옮긴다. 팬에 남은 나머지 절반 부분을 접시에 얹은 부분 위로 접는다.

7

바로 낸다.

버섯 오믈렛

버섯 한 줌을 얇게 저민다. 뜨거운 팬에 버터를 약간 두르고 버섯이 부드러워지도록 5분간 볶는다. 간을 맞추고 따로 둔다. 기본 과정대로 오믈렛을 익힌 다음 접기 직전에 버섯을 오믈렛 위에 뿌린다.

햄 치즈 오믈렛

햄 1장을 곱게 채 썰고 그뤼에르 또는 체다 치즈 25g을 간다. 오믈렛을 접기 직전에 위에 뿌린다.

닭고기 옥수수 퀘사디야

준비 시간: 10분
조리 시간: 약 25분
4인분

일단 기본 퀘사디야 만드는 법을 터득하고 나면
돌이킬 수 없다. 속 재료로 무엇을 사용하건
치즈를 넣으면 맛있기 때문이다.

익힌 닭고기 또는 먹고 남은 닭고기 350g
통조림 스위트콘(낟알), 물기를 뺀 것 2통(각
   198g들이)
쪽파 4대
할라페뇨 고추 슬라이스(병조림) 3큰술
생고수 1단(소)
장기 숙성된 체다 치즈 100g
잘 익은 토마토 3개
밀 토르티야 6장
소금과 후추

1

닭고기는 껍질을 전부 제거한 다음 손으로 잘게 찢거나 칼로 얇게 저민다. 닭고기를 볼에 담고 스위트콘을 더한다. 양파는 얇게 저미고 고수 잎은 장식용으로 조금만 따로 덜어 두고 굵게 다진다. 할라페뇨도 굵게 다진 다음 양파, 고수 잎과 함께 닭고기 볼에 담아 잘 섞는다. 소금과 후추로 간을 한다.

2

치즈는 갈고 토마토는 저민다. 토르티야 한 장을 작업대에 얹고 절반 부분에 치즈를 약간 뿌린 다음 닭고기 혼합물과 토마토 몇 개를 얹는다. 치즈를 조금 더 뿌리고 비어 있는 반대쪽 토르티야를 접어 반달 모양을 만든다. 옆에 두고 남은 토르티야와 속 재료로 같은 과정을 반복한다.

3

퀘사디야를 따뜻하게 보관할 수 있도록 오븐을 140℃로 예열한다. 큰 프라이팬을 중간 불에 올린다. 퀘사디야를 팬에 넣고 바닥이 노릇하게 익을 때까지 2분간 굽는다. 뒤집개로 뒤집어 치즈가 녹고 퀘사디야가 골고루 바삭해질 때까지 2분간 더 굽는다. 베이킹 시트에 옮기고 나머지 퀘사디야를 구울 동안 오븐에 넣어 따뜻하게 보관한다.

4

각 퀘사디야를 삼각형 모양으로 3등분해 큰 접시에 수북하게 쌓은 다음 남은 고수를 뿌려 바로 낸다.

참치 니수아즈 샐러드

준비 시간: 10분
조리 시간: 20분
주요리로 2인분 분량(4인분 조리 용이)

평범한 샐러드와 비교를 거부하는 정통 참치
니수아즈는 강렬한 프랑스 남부의 고전적인
풍미를 가득 모은 푸짐하고 화려한 샐러드다.
이런 요리에서는 재료 품질이 아주 중요하다.
질 좋은 재료를 사용하면 자꾸만 또 먹고
싶어지는 샐러드를 맛볼 수 있을 것이다.

천일염 플레이크 1작은술
햇감자 300g(작은 달걀 크기)
실온에 둔 달걀 2개(중)
가느다란 깍지콩 100g
마늘(소) 1쪽
통조림 참치 1통(160g 들이)
레드 와인 식초 1큰술
적양파(소) ½개
방울토마토 100g
오일에 절인 안초비 필레(통조림), 기름기를 뺀
    것 4장
씨를 뺀 블랙 올리브 50g
소금과 후추

1

중형 냄비에 물을 채우고 소금 1작은술을 섞어
한소끔 끓인다. 감자를 넣고 부드러워질 때까지
20분간 삶는다. 7분 남았을 때 냄비에 달걀을
넣는다. 깍지콩의 꼭지를 손질한 다음 5분
남았을 때 냄비에 더한다.

2

기다리는 동안 드레싱을 만든다. 먼저 마늘을
저며 곱게 다진다. 천일염 플레이크를 약간
뿌린 다음 칼을 비스듬하게 눕혀 칼날로
마늘과 소금을 눌러 으깨기를 반복해
페이스트를 만든다. 적당량씩 나눠 작업하며
마늘을 모두 으깬다.

마늘 으깨는 도구가 있다면?
칼로 으깨지 않고 편한 대로 마늘 으깨는
도구를 이용해도 전혀 상관없다. 하지만 마늘을
칼로 으깨서 페이스트를 만들면 향기로운
진액을 더 많이 끌어낼 수 있다.

3

작은 볼에 참치 통조림의 오일 3큰술을 담는다.
식초와 마늘을 넣고 소금과 후추를 더한다.

4

삶은 달걀, 감자, 깍지콩을 채반에 밭친다.
흐르는 찬물에 1분간 빠르게 식힌 다음 따로
둔다.

5

양파를 반달 모양으로 얇게 채 썬다. 토마토와
감자를 반으로 자른다. 큰 볼에 양파, 토마토,
감자, 깍지콩, 올리브를 담는다.

6

달걀 껍데기를 깐다. 달걀을 작업대에 골고루
두들겨서 껍데기를 전체적으로 부순다. 비틀어
흰자에서 분리한다. 잘 떨어지지 않을 때는
흐르는 찬물에 씻으며 작업하면 쉽게 벗겨진다.
달걀을 각각 세로로 2등분한다. 단면에 소금과
후추로 간을 한다.

7

안초비를 세로로 길게 자른다. 드레싱을 따로
조금 덜어 두고 나머지를 채소 볼에 부어
버무린다.

8

샐러드를 접시에 담는다. 샐러드 위에 반으로
자른 달걀 2개, 참치, 안초비를 얹는다. 남은
드레싱을 둘러 낸다.

장보기 요령
찬장에 염장 안초비가 있다면 넉넉한 물에 씻어
오일에 절인 안초비 대신 사용할 수 있다. 이때
드레싱에 소금 간을 너무 많이 하지 않도록
주의한다.
전통적으로 참치 니수아즈에는 니스가
원산지인 작고 새콤한 블랙 니수아즈 올리브를
사용한다. 칼라마타 올리브로 대체해도 좋다.
익힌 햇감자(샐러드용 감자라고도 한다.)는
질감이 매끄럽고 단단하다. 대지 품종 또는
햇감자를 추천한다. 칼로 찔러 푹 들어가면 잘
익은 것이다.

BLT 샌드위치

준비 시간: 5분
조리 시간: 15분
2인분(1인분 또는 4인분 조리 용이)

맛있는 BLT 샌드위치는 누구나 좋아하는
음식이다. 차가운 샐러드와 뜨거운 베이컨,
바삭하게 구운 빵은 모두의 식욕을 자극한다.
여기서는 마요네즈에 머스터드와 꿀을 더해
베이컨의 맛을 온전히 끌어냈다. 취향에 따라
기름기가 적은 등심 베이컨을 사용해도 좋다.

껍질이 바삭한 양질의 흰 빵 4장
얇은 염장 건조 훈제 줄무늬 베이컨 6장
마요네즈 2큰술
홀그레인 머스터드 1작은술
액상 꿀 ½작은술
잘 익은 토마토 2개
부드러운 양상추 ½개(소) 또는 리틀 젬 등
    로메인 상추류 1개, 씻어서 물기를 제거한
    것(70쪽 참조)
버터, 스프레드용
소금과 후추

1

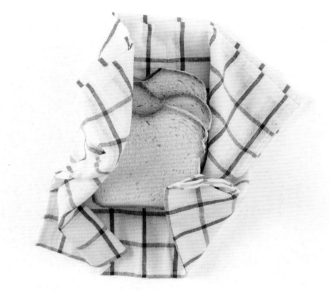

1
브로일러를 중간 불에 달궈 빵 양면을 가볍게 굽는다. 총 5분 정도가 소요된다. 따뜻하게 보관한다. (깨끗한 마른 행주로 감싸 두면 좋다.)

2
베이컨을 그릴 팬에 얹어 브로일러에 넣고 중간에 한 번 뒤집어 지방 부분이 바삭하고 노릇해질 때까지 10분간 굽는다.

3
그사이에 마요네즈와 머스터드, 꿀을 섞는다. 토마토는 얇게 저민다.

2

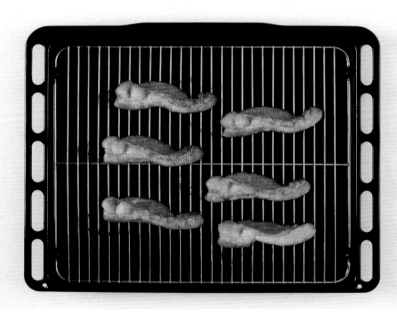

3

4

구운 빵에 버터를 가볍게 바르고 허니 머스터드 마요네즈를 덧바른다. 빵 2장 위에 상추 잎을 여러 장 올린다.

5

상추 위에 저민 토마토를 골고루 얹고 소금과 후추로 간을 한 다음 베이컨을 올린다.

6

상추를 추가로 얹고 남은 빵을 덮어 샌드위치를 완성한다.

7

샌드위치를 날카로운 칼로 2등분해 바로 낸다.

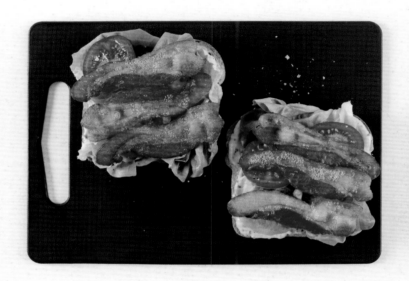

매콤한 채소 수프

준비 시간: 20분
조리 시간: 20분
4인분 + 여분

값싸면서도 맛있고 따뜻하기까지 한 매콤한
수프는 추운 저녁을 온화하게 덥혀 준다. 시간이
지나면 되직해지므로 다시 데울 때는 필요에
따라 물이나 육수를 조금 더해 섞는다.

커민 씨 2작은술
칠리 플레이크 ¼작은술
양파 2개
마늘 3쪽
날생강 1개(엄지 크기)
마일드 올리브 오일 2큰술
고구마 1kg
통조림 병아리콩, 물기를 뺀 것 1통(400g 들이)
닭 육수 또는 채소 국물 850ml
어린 시금치 100g
소금과 후추
엑스트라 버진 올리브 오일 1큰술, 곁들임용
걸쭉한 요구르트 4큰술, 곁들임용 여분

1
큰 냄비를 중간 불에 올린다. 커민 씨와 칠리 플레이크를 넣어 탁탁 튀어 오르기 시작하고 구운 향이 날 때까지 1분간 익힌다. 절반 분량의 향신료를 덜어내 따로 둔다. 냄비를 불에서 내리고 채소를 손질한다.

2
양파는 굵게 다지고 마늘은 으깨고 생강은 곱게 간다. 냄비에 마일드 올리브 오일을 두르고 달군 다음 양파, 생강, 마늘을 넣어 양파가 부드러워질 때까지 5분간 천천히 익힌다.

생강 껍질 벗기는 법
생강을 곱게 갈 때는 껍질을 벗기지 않아도 좋다. 강판에 간 다음 갈리지 않고 남은 껍질과 질긴 부분은 버리면 된다.

3
기다리는 동안 고구마의 껍질을 벗기고 굵게 썬다.

4

냄비에 고구마, 병아리콩, 육수를 부어 저은
다음 뚜껑을 닫고 고구마가 부드럽고 물러질
때까지 15분간 뭉근하게 익힌다.

5

감자 으깨는 도구로 고구마를 대부분 으깨서
수프를 걸쭉하게 만든다. 소금과 후추로 간을
하고 시금치를 굵게 썰어 넣고 섞는다. 몇 초
후면 시금치가 숨이 죽을 것이다.

6

수프를 볼에 담고 요구르트를 한 숟갈 얹은
다음 남겨 둔 커민 칠리 혼합물을 뿌리고
엑스트라 버진 올리브 오일을 둘러서 낸다.

호박으로 만들기
땅콩호박이나 단호박으로 만들어도 맛있지만,
손질하는 데 시간이 조금 걸린다. 깍둑 썰어
판매하는 호박을 구입하거나 껍질을 벗기고
씨를 제거하는 준비 시간을 10분 정도
추가한다.

시금치와 캐슈너트를 넣은 땅콩호박 커리

준비 시간: 25분
조리 시간: 35분
4인분(2인분 조리 용이)

아름다운 색깔에 향긋하고 질감이 풍성한
땅콩호박 커리는 반드시 고기를 넣어야 맛있는
커리를 만들 수 있는 것은 아니라는 사실을
증명한다. 살살 녹는 채소와 향신료에 콩과
견과류를 더하면 단백질이 보충되어 건강하고
균형 잡힌 식사가 된다. 양고기 감자 커리(238쪽
참조)에 아주 잘 어울리는 곁들임 요리이기도
하다.

땅콩호박 또는 단호박 1kg
양파 1개
식물성 오일 또는 해바라기씨 오일 4큰술
버터 1큰술
굵은 마늘 2쪽
날생강 1개(엄지 크기)
매운 풋고추 1개(소, 104쪽 설명 참조)
터메릭 가루 1작은술
커민 씨 1작은술
코리앤더 가루 1작은술
시나몬 스틱 2개
동결 건조 커리 잎 1큰술(선택 사항)
붉은 렌틸콩 100g
잘 익은 토마토 3~4개
통조림 병아리콩, 물기를 뺀 것 1통(400g) 분량
캐슈너트 100g
어린 시금치 잎 2줌(넉넉히)
소금과 후추
차파티●, 난 또는 밥(145쪽 참조),
처트니, 곁들임용(선택 사항)

● 인도, 네팔 등지에서 흔히 먹는 납작한 빵의 일종.

104

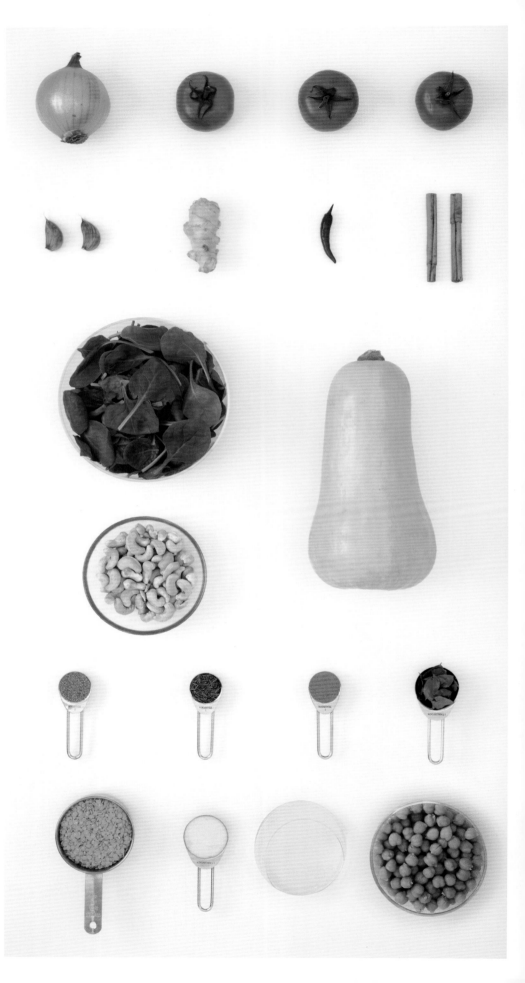

1
아주 잘 드는 채소 필러 또는 날카로운 소형 칼로 단단한 호박 껍질을 벗긴다. 손질한 호박을 4등분한다. 찻숟가락으로 씨를 제거한다. 속살을 가로세로 약 3cm 크기로 썬다.

2
양파를 반으로 잘라 채 썬다. 큰 프라이팬 또는 궁중팬을 중강 불에 올린다. 오일과 버터를 두르고 30초 후에 호박과 양파를 넣은 다음 소금과 후추로 간을 한다. 자주 뒤적이며 채소가 부드러워지기 시작할 때까지 5분간 익힌다.

3
채소를 익히는 사이에 마늘을 얇게 저미고 생강을 곱게 간다. 고추는 꼭지를 그대로 남겨 놓고 길게 가르듯이 칼집을 넣는다. 크고 덜 매운 고추일 경우 씨를 빼고 과육만 곱게 다져서 팬에 넣는다.

이 고추는 얼마나 매울까?
고추는 굵을수록 덜 매운 경향이 있다. 작은 고추는 굵기나 모양과 상관없이 대체로 더 맵다. 여기서는 매운 고추는 길게 칼집만 넣고 다지지 않은 채로 사용한다. 다지거나 씨를 빼지 않고도 매운 고추의 풍미와 가벼운 매운맛만 더할 수 있는 효과적인 방법이다. 그러나 고추는 개체마다 맛이 다르다는 점을 명심하자. 다지기 전에 고추 끝 부분을 살짝 잘라내 손가락을 단면에 살짝 가져다 댄 다음 혀 끝에 대 본다. 생각보다 매우면 간단하게 칼집을 내서 사용하고 덜 매우면 고추 양을 늘리거나 씨까지 전부 사용한다.

4

주전자에 물을 끓인다. 팬에 마늘, 생강, 고추, 향신료, (사용한다면) 커리 잎을 넣어서 채소에 향신료가 골고루 묻고 향이 올라올 때까지 2분간 익힌다.

5

렌틸콩을 넣고 끓인 물 400ml를 붓는다. 한 번 저은 다음 뚜껑을 덮고 가끔 휘저으며 10분간 뭉근하게 익힌다.

6

오븐을 180℃로 예열한다. 토마토를 굵게 다지고 병아리콩과 함께 팬에 부어 잘 섞은 다음 다시 뚜껑을 닫고 중간중간 두어 번 휘저으며 10분간 뭉근하게 익힌다. 렌틸콩이 통통하고 부드러워져야 한다. 콩 한 알을 팬 가장자리에 꾹 눌러서 상태를 확인한다. 커리에 소금과 후추로 간을 한다.

7

이어서 견과류를 굽는다. 베이킹 트레이에 견과류를 뿌리고 오븐에서 노릇하게 5분간 굽는다.

8

시금치 잎을 넣어 섞고 견과류를 위에 뿌려 마무리한다. 시금치는 커리의 잔열에 숨이 죽을 것이다. 차파티, 난 또는 밥과 좋아하는 처트니●를 곁들여 낸다.

● 과일이나 채소에 향신료를 넣어 만든 인도의 소스.

치즈 버거

준비 시간: 20분
조리 시간: 11~15분
버거 4개 분량(2개 조리 용이)

질 좋은 소고기를 사용하면 버거의 맛은 확실히
보장된다. 다음 토핑 재료는 지침이 아니라
제안일 뿐이며 취향에 따라 블루 치즈나 그릴에
구운 베이컨, 마요네즈, 살사, 그 외에 좋아하는
재료를 넣어도 좋다. 감자 오븐 구이(312쪽
참조)과 잘 어울린다.

양파 1개
오이 피클 5개(소) 또는 1개(대)
양질의 다진 소고기 500g
디종 머스터드 1작은술
달걀 1개
천일염 플레이크 ½작은술
후추 ¼작은술
토마토 2개(대)
적양파 1개
부드러운 둥근 양상추 ½통
햄버거 빵 4개(대)
잘 녹는 슬라이스 치즈(고다, 하바티 또는
　　그뤼에르 추천) 4장

1

그릴을 강한 불로 달군다. 양파와 오이 피클을 곱게 다져 큰 볼에 담는다. 다진 소고기, 머스터드, 달걀, 소금, 후추를 더한다.

다진 소고기 고르는 법
아주 촉촉한 패티를 만들려면 지방 함량이 약 20퍼센트인 다진 고기를 구입해야 한다. 프라이팬이나 번철 대신 그릴에 구우면 기름기가 많이 빠져나가지만, 지방 함량이 충분하면 그래도 촉촉한 맛이 난다. 담백한 다진 고기는 건강한 선택지이기는 하지만, 패티가 조금 퍽퍽하게 느껴질 수 있다. 저렴한 고기는 수분 함량이 높은 편이라 익혔을 때 줄어드는 양이 많으니 가능한 최상급의 다진 고기를 구입하자.

2

골고루 섞일 때까지 잘 버무린다. 지저분하더라도 손으로 섞는 것이 제일 쉽다.

3

고기 혼합물을 볼에 담은 채로 대충 4등분한다. 손을 적신 다음(혼합물을 쉽게 다룰 수 있다.) 혼합물을 각각 두께 2cm, 지름 10cm 크기의 큼직한 패티 모양으로 빚는다. 접시 또는 도마에 옮긴다.

4

그릴 팬에 버거 패티를 얹고 중간에 한 번
뒤집으면서 짙은 갈색으로 익을 때까지 10분간
굽는다. 가운데가 살짝 분홍색을 띠는 촉촉한
패티가 된다. 웰던이 좋다면 한 면당 2분씩 더
굽는다.

5

패티를 굽는 동안 토마토와 적양파를 저미고
양상추 잎을 따로 떼어서 씻은 다음 물기를
제거한다(70쪽 참조). 햄버거 번은 가로로 반
자른다.

6

패티가 다 익으면 그릴 팬의 한쪽 끝으로
모은다. 패티 옆에 햄버거 빵을 단면이 아래로
가도록 올린다. 패티 위에 치즈를 한 장씩
얹는다. 다시 불에 얹어서 치즈가 녹기 시작하고
번이 살짝 노릇해질 때까지 30초~1분간
굽는다.

7

아래쪽 빵에 양상추 약간, 토마토를 올리고
패티를 얹은 다음 둥글게 썬 양파를 올린다.
위쪽 빵으로 덮고 바로 먹는다.

미리 만들기
햄버거 패티는 하루 전에 3번 과정까지 미리
만들어 둘 수 있으며, 날것인 채로 랩에 싸서
차갑게 보관한다. 또는 익히지 않은 패티를
유산지에 켜켜이 차곡차곡 쌓아서 1개월까지
냉동 보관한다.

닭고기 볶음

준비 시간: 15분
조리 시간: 10분
4인분(2인분 조리 용이)

볶음 요리를 만들려면 기술이 손에 좀 익어야
하니, 다음 기본 레시피로 첫발을 내디뎌 보자.
채소가 아삭하고 닭고기가 부드러워지기까지
30분이 채 걸리지 않는다. 시켜 먹는 것보다
빠르다! 흰 쌀밥과 함께 낸다. (145쪽 참조)

옥수수 전분 2작은술
간장 4큰술
뼈와 껍질을 제거한 닭 가슴살 4개
빨강 파프리카 1개
노랑 파프리카 1개
쪽파 1단
날생강 1개(엄지 크기)
마늘 2쪽
라임 2개
액상 꿀 4큰술
식물성 오일 또는 해바라기씨 오일 2큰술
깍지완두 200g
칠리 플레이크 ½작은술
드라이 셰리주 또는 청주 1큰술

1

2

3

1

중형 볼에 옥수수 전분 1작은술, 간장
1작은술을 섞는다. 닭고기를 손가락 길이로
길게 썬 다음 옥수수 전분 볼에 담아 잘 섞는다.
10분간 재우면서 그동안 채소를 손질한다.
닭고기를 옥수수 전분에 재운 후에 볶으면
식감이 아주 부드러워진다.

2

파프리카는 반으로 잘라서 씨를 제거한
다음 약 1cm 두께로 길게 썬다. 쪽파는 얇게
송송 썬다. 생강은 곱게 다지고 마늘은 곱게
다지거나 얇게 저민다.

3

소스를 만든다. 라임의 즙을 짜서 볼에 담는다.
남은 옥수수 전분과 간장을 넣어 섞은 다음
꿀을 더한다.

4

큰 프라이팬 또는 궁중팬을 강한 불에
올리고 절반 분량의 오일을 두른다. 닭고기를
넣고 그대로 1분간 두었다가 볶는다. 가끔
뒤적이면서 닭고기 가장자리가 노릇해질
때까지 약 3분간 볶는다. 팬에서 건져내 접시에
담는다. 팬을 종이 행주로 꼼꼼히 닦는다.

5

팬에 오일 1큰술을 두르고 파프리카를 넣는다.
계속 휘저으며 1분간 볶은 다음 깍지완두를
더해 1분 더 볶는다. 채소가 적당히 부드러워진
상태일 것이다. 이어서 마늘, 생강, 칠리
플레이크와 절반 분량의 쪽파를 더한다. 1분 더
볶는다.

6

셰리주 또는 청주를 더한다. 지글거리면서
빠르게 증발할 것이다. 닭고기를 다시 팬에 넣고
간장 라임 혼합물을 붓는다. 한소끔 끓인 다음
닭고기가 골고루 따뜻해지고 소스가 걸쭉해질
때까지 1분간 볶는다. 남은 쪽파를 뿌린다.

7

볼에 담아서 밥과 함께 낸다.

볶는 요령
비록 이름은 '볶음'이지만, 너무 많이 뒤적이면
오히려 조리 속도가 느려지기 때문에 식재료를
건드리지 않고 그대로 익히는 것이 중요하다.
같은 속도로 익도록 모든 채소는 같은 크기로
썰고, 단단한 채소부터 먼저 팬에 넣은 다음
부드러운 채소를 뒤에 넣는다. 있는 것 중 제일
큰 팬을 사용하고 강한 불을 유지한다. 팬에
재료를 너무 많이 넣지 않는다. 고기는 먼저
익힌 다음 꺼내 두었다가 마지막에 팬에 다시
넣어야 과조리되어 퍽퍽해지지 않는다.

버섯 리소토

준비 시간: 25분
조리 시간: 20분
4인분

리소토 한 그릇은 만들기는 쉬워도 먹을 때는
꽤나 성찬처럼 느껴지는 멋진 메뉴다. 게다가
버섯을 제외하면 모든 재료를 찬장에서 꺼낼 수
있다. 운 좋게 가게에서 야생 버섯을 발견했다면
바로 섞어 넣자.

말린 포르치니 버섯 30g
양파 1개
마늘 2쪽
마일드 올리브 오일 1큰술
버터 80g
닭 육수 1.2L
리소토용 쌀(카르나롤리 추천, 118쪽 설명
　　참조) 350g
드라이 화이트 와인 100ml
파르미지아노 치즈 50g
양송이 버섯 또는 양송이와 느타리, 팽이버섯
　　등 야생 및 재배 버섯 모듬 250g
소금과 후추

1

주전자에 물을 끓인 후 끓는 물 150ml를
계량해서 그릇에 담는다. 말린 포르치니
버섯을 푹 잠기도록 넣는다. 15분간 불린다.
버섯이 부풀어오르기 시작할 것이다.

포르치니 버섯이 뭘까?

포르치니는 이탈리아에서 요리에 많이 쓰는
강렬한 맛의 버섯이다. 생포르치니는 제철이
짧고 비싸다. 말린 포르치니는 경제적일뿐더러
풍미도 똑같이 멋지다. 반드시 불려 사용해야
하며, 소스나 파스타, 고기 요리 등에 맛내기로
쓸 수 있다. 말린 모듬 야생 버섯으로 대체해도
좋다.

2

그동안 양파는 곱게 다지고 마늘은 으깬다.
프라이팬 또는 얕은 캐서롤 냄비를 약한 불에
달구고 올리브 오일과 버터 50g을 넣는다.
양파와 마늘을 넣고 가끔 뒤적이며 양파가
부드럽고 투명해질 때까지 10분간 천천히
익힌다.

3

버섯을 손으로 건져내 도마에 얹는다. 버섯
불린 물은 다른 팬에 붓는다. 바닥에 가라앉은
흙먼지가 요리에 들어가지 않도록 몇 방울은
붓지 않고 남겨서 버린다. 팬에 육수를 붓고
중간 불에 올려서 뭉근하게 끓는 상태를
유지한다.

4

불린 버섯을 굵게 다져 양파 팬에 넣는다. 쌀을
넣어 잘 섞는다. 쌀에 버터가 골고루 묻고 살짝
반투명해지기 시작할 때까지 잘 휘저으며
2분간 익힌다. 와인을 붓고 거의 날아갈 때까지
바글바글 끓인다. 꽤 빠르게 증발한다.

5

버섯 향 육수를 팬에 한 국자 더하고 쌀이 수분을 대부분 흡수할 때까지 휘젓는다. 불 세기가 너무 강하면 육수가 쌀에 흡수되지 않고 끓어서 증발하며 사라지므로 주의한다.

6

쌀이 적당히 부드럽고 통통하게 부풀어서 크림 같은 소스와 뒤섞일 때까지 육수를 조금씩 더하면서 계속 젓는다. 쌀을 맛봐서 속심이 덜 익어서 딱딱하지 않고 적당히 쫀득하며 부드러운 상태인지 확인한다. 서두르지 않도록 한다. 모든 조리 과정이 끝나기까지 총 20분 이상이 소요된다.

7

육수를 다 썼으면 팬을 불에서 내린다. 파르미지아노 치즈를 갈아 절반 분량을 리소토에 더해 섞는다. 남은 버터 중 절반 분량을 작게 잘라 리소토 위에 군데군데 얹는다.

8

뚜껑을 닫고 5분간 휴지한다. 그동안 생버섯을 다듬으며 너무 큰 것은 두툼하게 썬다. 다른 프라이팬에 남은 버터를 넣고 강한 불에 올려서 녹인다. 생버섯을 넣고 자주 뒤적이며 2~3분간 노릇하게 볶는다.

9

얕은 그릇에 리소토를 담고 뜨거운 버섯 버터 볶음을 얹은 다음 남은 파르미지아노 치즈를 조금 뿌려 낸다.

리소토용 쌀
영국에서 주로 쓰이는 리소토용 쌀은 아르보리오Arborio 와 카르나롤리Carnaroli, 비알로네 나노Vialone Nano 등 총 세 가지로 모두 모양이 짧고 둥근 타입이다. 초보 요리사는 카르나롤리를 쓰는 것이 좋다. 제일 구하기 쉬운 종류는 아르보리오지만 과조리할 위험성이 높다. 비알로네 나노는 조리에 더 오랜 시간이 걸리며 전문점 외에서는 구하기 힘들다. (대체품으로 국산 쌀을 사용해도 무방하다.)

닭고기 초리소 캐서롤

준비 시간: 15분

조리 시간: 35분

4인분(2인분 조리 용이)

추운 겨울에 포근하게 모여 앉아 먹기 좋은
푸짐한 냄비 요리다. 찬장에 병아리콩 대신 다른
콩 통조림이 있다면 대체해 넣어도 좋다.

껍질과 뼈를 제거한 닭 허벅지살 500g

초리소 150g(121쪽 설명 참조)

마일드 올리브 오일 1큰술

양파 1개

마늘 2쪽

빨강 파프리카 1개

시나몬 가루 1작은술

달콤한 훈제 파프리카 가루 2작은술

말린 타임 1작은술

드라이 셰리주 또는 화이트 와인 3큰술

통조림 다진 토마토 1통(400g 들이)

닭 육수 200ml

통조림 병아리콩, 물기를 뺀 것 1통(400g 들이)

생이탈리안 파슬리 1줌(소)

엑스트라 버진 올리브 오일 1큰술,
　　곁들임용(선택 사항)

소금과 후추

껍질이 바삭한 빵, 곁들임용(선택 사항)

1

닭고기는 한 입 크기로 썰고 초리소는 얇게 저민다. 바닥이 무거운 큰 프라이팬 또는 직화 가능한 얕은 캐서롤 그릇을 중강 불에 올리고 마일드 올리브 오일을 두른다. 30초 후에 초리소를 넣는다. 가끔 저으며 초리소가 바삭해지고 붉은 기름이 배어 나올 때까지 3분간 볶는다.

초리소

초리소는 파프리카와 마늘로 맛을 낸 매콤한 스페인산 소시지다. 일반 소시지처럼 부드러운 요리용 초리소와 단단하고 건조해 살라미처럼 날로 먹는 건식 초리소의 두 가지 종류가 있다. 이 요리에는 두 가지 모두 사용할 수 있지만, 가능하면 요리용 초리소를 쓰자.

2

팬에서 초리소를 덜어내 따로 둔다. 팬에 닭고기를 넣고 소금과 후추로 간을 한 다음 가끔 뒤적이며 노릇해지도록 5분간 지진다.

3

닭고기를 익히는 동안 채소를 손질한다. 양파와 마늘은 얇게 저미고 파프리카는 씨를 빼 굵게 채 썬다. 팬에 손질한 채소를 넣고 불 세기를 낮춘다. 몇 분 간격으로 뒤적이며 양파, 파프리카, 마늘이 부드러워질 때까지 10분간 천천히 익힌다.

4

팬에 시나몬, 파프리카 가루, 타임을 넣고 향이
올라오도록 1분간 볶는다.

5

불 세기를 중간 불로 낮춘다. 셰리주 또는
와인을 붓는다. 지글거리면서 거의 대부분
졸아붙을 것이다. 그런 다음 토마토와 육수를
넣는다. 잘 저은 다음 뚜껑을 연 채로 소스가
살짝 걸쭉해지고 닭고기가 부드러워질 때까지
15분간 뭉근하게 익힌다.

6

팬에 병아리콩과 초리소를 넣고 잘 저은 다음
2분 더 뭉근하게 익혀서 골고루 데운다.

7

파슬리 잎을 굵게 다져 팬에 넣고 섞은 다음
소금과 후추로 간을 한다. (사용한다면)
엑스트라 버진 올리브 오일을 두른다. 껍질이
바삭한 빵을 곁들여 낸다.

빵가루를 묻힌 생선과
타르타르 소스

준비 시간: 20분
조리 시간: 12~15분
4인분(2인분 조리 용이)

집에서 직접 생선에 빵가루를 묻혀 구우면 냉동 생선 필레나 튀김 제품보다 신선한 맛을 즐길 수 있고, 튀길 때 기름을 콸콸 들이붓지 않아도 된다. 특별한 자리에 낼 때는 절반 분량의 마요네즈를 크렘 프레슈●로 대체해서 소스를 화려하게 꾸며도 좋고, 아이에게 줄 때는 간단하게 토마토케첩을 곁들이자.

두껍게 썬 흰 빵(하루 묵은 것 추천) 4장(약 200g)
생이탈리안 파슬리 1줌
마일드 올리브 오일 2큰술
파르미지아노 치즈 50g
무왁스 레몬 1개
지속 가능한 어업으로 잡은 두꺼운 흰살 생선 필레(대구, 해덕, 민어 등) 800g
밀가루 3큰술
달걀 1개(대)
케이퍼 2작은술
오이 피클 5개(소) 또는 1개(대)
양질의 마요네즈 100g
소금과 후추
샐러드 채소 또는 완두콩, 곁들임용

● 젖산을 첨가해 약간 발효시킨 크림.

1
오븐을 220℃로 예열한다. 빵은 가장자리를 잘라내 제거한다. 남은 빵을 푸드 프로세서에 담고 절반 분량의 파슬리를 줄기까지 모두 넣은 후 올리브 오일을 더한다.

2
갈아서 기름지고 허브 향이 나는 빵가루를 만든다. 파르미지아노 치즈와 레몬 제스트를 곱게 갈아 소금, 후추와 함께 빵가루에 섞는다. 볼에 옮겨 담는다.

다음에 쓸 빵가루 만들기
빵이 너무 많이 남았다면 혼합 빵가루를 두 배로 만들어 절반 분량을 냉동해 보자. 하룻밤 동안 냉장실에서 해동한 다음 같은 방식으로 사용하면 된다.

3
생선을 약 3×3×10cm 크기의 굵은 손가락 모양으로 썬다.

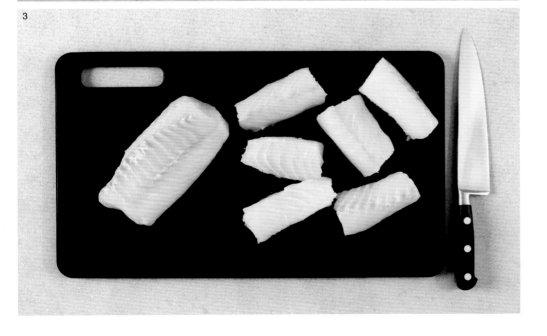

4

접시에 밀가루를 담고 소금과 후추로 넉넉히 간을 한다. 볼에 달걀을 깨서 담고 소금과 후추로 간을 한 다음 포크로 푼다. 생선 한 조각에 밀가루를 묻혀 달걀 물에 담근다. 여분의 달걀 물을 볼에 바로 털어 낸 다음 생선을 빵가루 볼에 굴리고 두드려 빵가루를 골고루 묻힌다.

5

(들러붙음 방지 코팅된) 베이킹 시트에 얹고 남은 생선으로 같은 과정을 반복한다. 손이 끈적거릴 수 있으니 중간중간 손을 씻고 닦은 다음 다시 작업한다.

6

생선을 바삭하고 노릇해질 때까지 12~15분간 굽는다. 그동안 타르타르 소스를 만든다. 레몬을 반으로 잘라 한쪽은 즙을 짜고 한쪽은 쐐기 모양으로 썬다. 남은 파슬리 잎과 케이퍼, 오이 피클을 곱게 다져 볼에 담는다. 마요네즈와 레몬즙 1큰술을 더한다. 소금과 후추로 소스에 간을 한다.

7

생선에 타르타르 소스, 레몬 조각, 샐러드 채소 또는 막 삶은 완두콩을 곁들여 낸다.

생선 사는 법
미리 포장해서 판매하는 생선 필레는 특히 신선도를 확인하기 힘들다. 그래서 생선은 해산물 코너나 생선 가게에서 구입하는 것이 제일 좋다. 신선한 생선은 반짝거리고 색이 밝아야 하며, 윤기가 없거나 건조하면 안 된다. 누르면 단단하게 느껴지고(당당하게 물어보자.) 바다 내음이 풍겨야 한다. 비린내가 심하면 사지 않는 편이 좋다.

치즈 마카로니

준비 시간: 25분
조리 시간: 30분
4인분(2인분 조리 용이)

정말로 싸고 간편하며, 순식간에 식욕을
자극하는 치즈 마카로니 한 그릇은 가족들이
언제나 좋아하는 음식이다. 마카로니 위에
토마토를 얹어 구우면 먹는 순간마다 기분 좋은
새콤함을 느낄 수 있다.

양파 1개
월계수 잎 1장
우유 700ml
천일염 플레이크 1작은술
마카로니, 또는 다른 관 모양 파스타 350g
버터 50g
밀가루 50g
숙성된 체다 치즈 200g
파르미지아노 치즈 50g
디종 머스터드 2작은술
너트메그(통) 1개, 갈아 쓰는 용도(선택 사항)
잘 익은 토마토 4개
소금과 후추

1

큰 냄비에 파스타 삶을 물을 끓인다. 그사이에
소스를 만들기 시작한다. 양파를 적당히 굵게
썬 후 월계수 잎, 우유와 함께 팬에 담는다.
중간 불에 올려서 우유를 한소끔 끓인다.
팬 가장자리에 작은 기포가 올라와 터지기
시작하는 순간 불에서 내린다. 그대로 10분간
재운다. (여유가 있으면 조금 더 둔다.) 그러면
치즈 소스에 깊은 풍미를 더할 수 있다.

2

파스타 삶을 물에 소금을 넣고 마카로니를
더한다. 다시 한소끔 끓이고 한 번 저은 다음
8분간 삶는다. 파스타 삶은 물을 1컵 따로
남기고 마카로니는 채반에 밭쳐 거른다.
마카로니는 아직 살짝 덜 익은 상태다.

3

우유에 향이 우러나면 양파와 월계수 잎을
그물 국자로 건진다. 버터를 넣고 밀가루를 체에
쳐서 더한다.

4

팬을 중강 불에 올린다. 거품기로 저으며 소스가 끓어 걸쭉하고 매끄러워질 때까지 약 5분간 익힌다. 그사이에 오븐을 180℃로 예열한다. 체다와 파르미지아노 치즈를 간다.

5

머스터드, (만약 사용한다면) 곱게 간 너트메그 ¼작은술, ⅔분량의 체다와 파르미지아노 치즈를 소스에 더한다. 소금과 후추로 간을 한다. 마카로니가 서로 달라붙으면 남겨 둔 파스타 삶은 물을 채반에 부은 다음 저어서 잘 푼다. 마카로니를 베이킹 그릇에 담는다. 마카로니 위에 소스를 붓고 잘 섞는다.

6

남은 치즈를 마카로니 위에 뿌린 다음 토마토를 저며 위에 얹는다. 소금과 후추로 간을 한다.

7

마카로니 치즈를 노릇하고 보글거릴 때까지 30분간 굽는다. 바로 낸다.

미리 만들기

치즈 소스는 최장 이틀 전에 미리 만들어 둘 수 있다. 표면에 랩을 씌워서 식힌다. 먹기 전에 천천히 데운 다음 막 삶은 파스타에 부어 레시피에 따라 진행한다. 치즈 마카로니 자체를 미리 만들면 마카로니가 소스를 너무 많이 흡수해서 음식이 건조해진다.

양 갈비와 토마토 민트 샐러드

준비 시간: 20분 + 재우기
조리 시간: 8~10분
2인분 (4인분 조리 용이)

여름에 잘 어울리는 양고기 요리는 손님 초대에
제격이다. 남은 국물까지 싹싹 닦아 먹을 수
있도록 껍질이 바삭한 빵을 잔뜩 곁들여 내자.

무왁스 레몬 1개
엑스트라 버진 올리브 오일 2큰술
설탕 1작은술
케이퍼 1큰술
마늘 1쪽
마일드 올리브 오일, 해바라기씨 오일 또는
　　식물성 오일 2작은술
실온에 둔 양 갈비나 커틀렛 또는 다리 부위
　　스테이크 4개
통조림 버터콩, 물기를 뺀 것 1통(400g 들이)
적양파 ½개
방울토마토 1통
생민트 1줌
소금과 후추

1

절반 분량의 레몬에서 즙을 짜 작은 볼에
담은 다음 엑스트라 버진 올리브 오일, 설탕,
케이퍼를 더해 섞는다. 따로 둔다.

2

마늘을 으깨 작은 볼에 담는다. 레몬 제스트를
곱게 갈아 볼에 넣고 마일드 오일 1작은술을
더해 잘 섞는다. 소금과 후추로 간을 한다.
양고기에 골고루 문질러 바른다. 이때 양고기는
5분 이상 재우며, 여유가 있다면 수 시간까지
재워 둘 수 있다. 오래 재울 때는 냉장고에서
차갑게 보관한다. 고기는 반드시 요리하기 전에
미리 꺼내 실온으로 되돌려야 한다.

3

프라이팬을 중간 불에 올린다. 마일드 오일 1작은술을 두르고 30초 후에 양고기를 넣는다. 바로 지글거리기 시작할 것이다. 소리가 나지 않으면 고기를 꺼내고 팬을 조금 더 달군다. 중간에 한 번 뒤집으면서 양고기를 6분간 구우면 미디엄 레어(속이 분홍색을 띠고 촉촉한 상태)가 된다. 웰던을 좋아한다면 2분 더 굽는다.

4

따뜻한 접시에 양고기를 담고 알루미늄 포일을 느슨하게 덮어 2~3분간 휴지하는 사이, 샐러드를 만든다. 팬은 나중에 다시 쓰므로 따로 둔다. 큰 볼에 콩을 담는다. 적양파는 얇게 채 썰고 방울토마토는 반으로 썬다. 민트는 잎만 떼서 작게 찢어 볼에 담고 양파, 토마토를 더해 잘 섞는다. 소금과 후추로 간을 한다.

5

팬을 다시 중간 불에 올리고 ①의 레몬 케이퍼 혼합물을 붓는다. 바닥에 눌어붙은 맛있는 부분을 전부 긁어내고 휴지한 양고기에서 흘러나온 즙을 붓는다.

6

접시에 샐러드를 담고 위에 양고기를 얹는다. 따뜻한 케이퍼 드레싱을 양고기와 샐러드 위에 둘러 바로 낸다.

소시지와 으깬 감자, 양파 그레이비

준비 시간: 15분
조리 시간: 30분
4인분(2인분 조리 용이)

고전 요리에 현대풍의 맛을 살짝 가미했다.
마지막 순간에 발사믹 식초를 두르면 그레이비
소스가 산뜻하고 농후해진다. 디종 머스터드
한 숟갈을 곁들여 내자. 기왕에 같은 소시지
요리라면 토드 인 더 홀●이 더 좋다는 사람은
138쪽을 참조하자.

마일드 올리브 오일 1큰술
양질의 돼지고기 소시지 8개
양파 2개
버터 25g
생타임 1줄기(대)
분질 감자(남작이나 두백 품종) 1kg(중)
천일염 플레이크 1작은술
설탕 ½작은술
밀가루 1큰술
발사믹 식초 2작은술(선택 사항)
소고기 육수 500ml
우유 120ml
소금과 후추

● 소시지에 반죽을 부어서 구워 만드는 영국 요리로,
군데군데 튀어나온 소시지가 두꺼비처럼 보인다는
뜻에서 붙은 이름이다.

1

오븐을 180℃로 예열한다. 큰 프라이팬을 약한 불에 올리고 오일을 두른다. 소시지를 넣고 1분 간격으로 뒤집으며 골고루 노릇해질 때까지 약 5분간 지진다. 팬을 불에서 내린다. 소시지를 베이킹 트레이에 옮기고 오븐에서 25분간 익힌다.

2

그동안 그레이비와 매시 포테이토를 만들기 시작한다. 양파를 반으로 잘라 얇게 저민다. 프라이팬을 다시 약한 불에 올리고 소시지에서 흘러나온 육즙에 절반 분량의 버터를 더한다. 버터에서 거품이 일면 양파와 잎만 뜯어낸 타임을 넣는다. 나무 주걱으로 가끔 저으며 양파가 부드럽고 노릇해지기 시작할 때까지 약 15분간 익힌다.

3

양파를 볶는 동안 감자의 껍질을 벗기고 4등분한다. 큰 냄비에 감자를 담고 찬물을 덮이도록 부은 다음 소금을 더해서 한소끔 끓인다. 물이 끓으면 불 세기를 낮추고 감자가 부드러워질 때까지 15분간 뭉근하게 익힌다. 식사용 칼로 감자를 찔러서 쉽게 들어가면 다 익은 것이다. 분질 감자는 끓는 물이 아니라 찬물에 넣어 익히기 시작해야 한다.

4

양파가 부드러워지면 팬의 불 세기를 높이고 설탕을 더한 다음 저으면서 양파가 끈적하고 진한 갈색을 띠며 달콤한 향이 올라올 때까지 2~3분간 익힌다.

5

팬에 밀가루를 뿌리고 양파 사이로 흩어져 가루가 사라질 때까지 저으며 익힌다. 밀가루에서 과자 향이 나고 주걱으로 팬을 저으면 모래 같은 질감이 느껴질 때까지 2분간 더 익힌다.

6

(만약 사용한다면) 발사믹 식초를 넣고
⅓ 분량의 육수를 붓는다. 처음에는 덩어리져
보이지만 계속 저으면 잘 섞여 매끄럽고 걸쭉한
페이스트 형태가 된다.

7

나머지 육수를 천천히 부으며 잘 섞어 묽고
매끄러운 그레이비를 만든다. 그레이비가
끓으면 농도가 걸쭉해질 것이다. 불에서 내려
따로 둔다.

8

소시지 상태를 확인한다. 진한 갈색을 띠며
지글지글 소리가 나야 한다. 오븐을 끈다.
감자를 채반에 밭친다. 남은 버터와 우유를 빈
감자 냄비에 넣어 우유가 끓기 시작하고 버터가
녹을 때까지 가열한다. 감자를 넣고 냄비를
불에서 내린다.

9

감자 으깨개나 (가지고 있다면)포테이토
라이서로 감자를 으깬다. 아직 김이 오를
정도로 뜨거울 때 으깨는 것이 중요하다. 식고
나서 으깨면 끈적해진다. 우유와 버터를 냄비에
넣어 미리 데우면 질감이 좋은 으깬 감자를
만들 수 있다.

10

으깬 감자를 접시에 담고 그 위에 소시지를
1인분당 2개씩 얹는다. 양파 그레이비를 두르고
바로 먹는다.

토드 인 더 홀 만드는 법

오븐을 220℃로 예열한다. 소시지를
프라이팬에서 노릇하게 구운 다음 중형
로스팅 팬 또는 베이킹 그릇에 담는다. 오일
2큰술을 두르고 요크셔 푸딩 반죽(274쪽
참조)을 만드는 사이, 팬을 오븐에 넣어 뜨겁게
데운다. 반죽을 소시지 주변에 붓고 노릇하게
부풀어오를 때까지 30분간 굽는다. 그사이에
위와 같은 방법으로 그레이비를 만든다.
사각형으로 잘라 그레이비와 함께 낸다.

토마토 올리브 소스 펜네

준비 시간: 10분

조리 시간: 12분

2인분(4인분 조리 용이)

단순한 토마토 소스 레시피는 알아 두면 정말
쓸모가 많다. (식비 절약은 말할 필요도 없다.)
간단한 소스라 변주하는 법도 무한하다.
140쪽을 참고해 아이디어를 얻어 보자.

천일염 플레이크 1작은술

펜네 파스타 200g

마늘 2쪽

생바질 1단(소)

마일드 또는 엑스트라 버진 올리브 오일 2큰술

통조림 다진 플럼 토마토 400g

설탕 ½작은술

파르미지아노 치즈 25g

씨를 뺀 블랙 올리브 70g(직접 씨를 뺀다면
　　100g)

소금과 후추

1

큰 냄비에 물을 담고 강한 불에 올려 한소끔
끓인다. 소금을 더한 다음 파스타를 넣는다.
한 번 저은 다음 불 세기를 살짝 낮춰 파스타가
적당히 부드러워질 때까지 10~12분간 삶는다.
(포장지 설명을 확인한다.)

파스타가 익었는지 보려면?
파스타가 익었는지 확인하려면 어떤 모양이건
냄비에서 포크로 하나를 건져 깨물어 보는
것이 제일이다. 단단하지만 질기지 않아야
한다.

2

파스타를 삶는 동안 소스를 만든다. 마늘은
얇게 저미거나 으깨고 바질 줄기는 곱게
다진다. 프라이팬을 약한 불에 올리고 오일을
둘러 달군다. 마늘과 바질 줄기를 넣고
부드러워질 때까지 3분간 아주 천천히 익힌다.

허브 남김없이 활용하기
이 책의 레시피에서는 전체적으로 부드러운
허브(예를 들어 바질이나 파슬리, 세이지 등)를
잎뿐만 아니라 줄기까지 사용한다. 줄기를 잘게
다져 조리 초반에 더하고, 먹기 전에 즉석에서
다진 잎을 듬뿍 얹으면 풍미가 더해져 향긋한
요리가 완성된다.

3

중간 불로 높여 팬에 토마토를 붓는다.
설탕으로 간을 하고 살짝 걸쭉해질 때까지
5분간 뭉근하게 익힌다.

4

파르미지아노 치즈를 곱게 간다. 바질 잎은 장식용으로 몇 장만 따로 빼 두고 나머지를 굵게 찢어 소스에 섞는다. 올리브를 굵게 다져 넣고 절반 분량의 치즈를 더한다. 소금과 후추로 간을 한다.

올리브 씨 빼는 법

통 올리브에서 씨를 빼려면 납작한 칼 옆면으로 올리브를 꾹 누른다. 씨를 뺀 다음 속살을 다진다.

5

파스타가 익으면 파스타 삶은 물을 1컵 남겨 두고 바로 채반에 밭친다.

6

소스에 파스타와 파스타 삶은 물 2큰술을 넣는다. 필요하면 물을 더해 농도를 조절한다.

7

파스타를 접시 또는 볼에 담고 남은 치즈와 바질 잎을 뿌린 다음 바로 먹는다.

변주

매콤한 파스타를 만들려면 마늘을 부드럽게 볶을 때 칠리 플레이크 한 자밤을 넣는다. 푸타네스카●식 소스를 만들 때는 바질 대신 이탈리안 파슬리를 사용하고 다진 안초비 필레 2개 분량을 마늘과 함께 볶는다. 또는 마스카르포네 같은 크림 치즈, 크렘 프레슈 등을 수 큰술 더해 부드럽게 만들 수도 있다. 생선이나 닭고기와 함께 낼 때는 두툼한 흰살 생선 필레 또는 닭 가슴살을 소스에 바로 넣어 익힌다. 생선은 약 10분, 닭 가슴살은 15~20분 정도가 걸린다.

● 토마토에 올리브, 안초비, 케이퍼 등을 넣어 만드는 파스타 소스.

연어와 마늘, 생강, 청경채와 밥

준비 시간: 15분
조리 시간: 15분
2인분(1인분 조리 용이)

지친 영혼을 위한, 빨리 완성되고 활력 넘치는
저녁 식사다. 생선과 채소를 쪄야 하지만 찜기가
없더라도 걱정하지 말자. 프라이팬과 접시로
즉석 찜기를 만드는 똑똑한 조리법을 소개한다.

바스마티 쌀 150g
굵은 홍고추 1개
굵은 마늘 1쪽
날생강 1개(엄지 크기)
청경채 2개
연어 필레(가능하면 껍질을 제거한 것) 2개
간장 2큰술, 취향에 따라 곁들임용 추가
볶은 참기름 1작은술
소금

1

먼저 쌀을 씻는다. 중형 팬에 쌀을 담고 찬물을
잠기도록 붓는다. 물속에서 쌀을 여러 번
휘젓는다. 물이 흐려질 것이다. 조심스럽게
물을 따라 내고 맑은 물이 나올 때까지 같은
과정을 여러 번 반복한다.

쌀을 씻는 이유는 뭘까?
쌀에는 원래 삶으면 팽창해서 끈적거리고
소화가 잘 되지 않게 하는 녹말 분자가 들어
있다. 리소토처럼 녹말을 반드시 그대로
유지해야 하는 요리도 있다. 하지만 푸슬푸슬한
바스마티 쌀은 꼭 씻어야 한다.

2

쌀이 손끝만큼 잠길 정도로 두 배 분량의 물(약
300ml)을 붓는다. 팬에 소금으로 간을 하고
강한 불에 올려 한소끔 끓인다. 그런 다음
뭉근하게 끓도록 불 세기를 낮추고 쌀을 저은
후 딱 맞는 뚜껑을 덮는다. 쌀을 10분간 익힌다.
그동안 채소 손질을 시작한다.

분량을 늘리려면?
분량을 늘려 2인분 이상을 조리하는 법은
간단하다. 1인분당 쌀 75g을 더하고 손끝만큼
잠길 정도로 두 배 분량의 물(쌀 75g당
150ml)을 붓는다. 쌀과 물로 큰 냄비를 가득
채우게 되더라도 조리 시간은 동일하다.

3

고추는 반으로 잘라 씨를 제거하고 얇게
저민다. 마늘도 얇게 저미고 생강은 곱게 간다.
청경채는 줄기 부분에서 잎 부분을 자르고
줄기 부분을 길게 반 자른다.

4

찜기를 가지고 있다면 접시를 바닥에 넣는다.
찜기와 같은 크기의 냄비에 물을 반만 채우고
위에 찜기를 얹는다. 또는 큰 프라이팬에
식사용 접시를 넣고 접시가 반만 잠길 정도로
물을 붓는다. 물을 한소끔 끓인다. 접시에
연어와 청경채 줄기를 넣고 고추, 마늘, 생강을
뿌린다. 연어와 청경채에 간장을 두른다.

찜기나 프라이팬의 뚜껑을 닫고 5분간 찐다.
청경채 잎을 생선 옆에 얹고 다시 뚜껑을
닫는다. 5분 더 찐다.

5

그동안 밥 상태를 확인한다. 다 익었으면
불에서 내리고 뚜껑을 닫은 채로 10분간 뜸을
들인다. (더 오래 두어도 괜찮다.) 밥이 다 익어
푸슬푸슬해야 한다.

6

청경채 잎의 숨이 죽을 때쯤이면 연어와 채소도
다 익을 것이다. 청경채 줄기는 부드럽고 연어
가운데 부분이 결대로 잘 부스러져야 한다.
참기름을 두른다.

7

따뜻한 접시에 연어와 청경채를 담고 흘러나온
맛있는 국물을 살짝 두른다. 간장을 조금
둘러 간을 맞춘다. 밥알을 포크로 살살 풀어
보슬보슬하게 만든 다음 연어에 곁들여 낸다.

페스토 스파게티

준비 시간: 10분
조리 시간: 10분
4인분

신선한 수제 페스토는 병에 담아 팔리는
제품보다 훨씬 맛이 뛰어나다. 만들자마자 먹는
것이 제일이지만, 남은 페스토에 올리브 오일을
한 켜 부어 덮으면 냉장고에서 1주일 정도
보관할 수 있다.

천일염 플레이크 ½작은술
스파게티(다른 모양 파스타도 좋다.) 400g
잣 80g
마늘 1쪽
생바질 1단(대)
엑스트라 버진 올리브 오일 150ml
파르미지아노 치즈 50g, 곁들임용 여분
소금과 후추

1

큰 냄비에 물을 담고 강한 불에 올려 한소끔 끓인다. 소금 ½작은술을 넣고 파스타를 더해 한소끔 끓인다. 한 번 저은 후 불 세기를 약간 낮춰서 파스타가 적당히 부드러워질 때까지 10분간 팔팔 끓인다. (포장지의 지침을 확인하자.) 파스타가 익었는지 확인하는 법은 141쪽을 참고한다. 그동안 페스토를 만들기 시작한다. 중형 팬을 약한 불에 올린다. 잣을 넣어 자주 뒤적이며 노릇하고 고소한 향이 날 때까지 3분간 익힌다. 접시에 담아 2~3분간 식힌다.

2

마늘, 바질 줄기와 잎을 아주 굵게 다진 다음 푸드 프로세서에 담는다. 잣과 올리브 오일을 더하고 소금과 후추로 간을 한다.

3

밝은 녹색에 살짝 거친 질감의 소스가 될 때까지 모든 재료를 짧은 간격으로 간다. 치즈를 곱게 갈아 소스에 넣어 다시 두어 번 정도 짧은 간격으로 간다.

4

파스타 삶은 물을 1컵 남겨 두고 스파게티를 채반에 밭친다. 스파게티를 다시 팬에 넣는다. 절반 분량의 페스토를 넣고 파스타 삶은 물 1~2큰술을 더한다. 가능하면 집게를 이용해서 골고루 버무린다. 파스타가 건조해 보이면 삶은 물을 조금 더 추가한다. 팬에 파스타 삶은 물을 더하면 소스와 파스타를 쉽게 버무릴 수 있다.

5

취향에 따라 파르미지아노 치즈를 채소 필러로 조금 깎아내 파스타에 뿌려 낸다.

케이준 치킨과 파인애플 살사

준비 시간: 30분 + 재우기
조리 시간: 12분
4인분

활력 넘치고 건강한 식사로 주중의 저녁 식사를
산뜻하게 밝혀 보자. 맵기보다 향긋한 향신료
럽(물론 칠리 파우더를 한 자밤 더한다고 나쁠
것은 없다.)은 돼지고기나 스테이크, 심지어
두툼한 생선 필레와도 탁월하게 어우러진다.

살사 재료
잘 익은 파인애플(중) 1개
적양파(소) 1개
굵은 풋고추 1개
빨강 파프리카 ½개
생고수 1줌
라임 1개, 취향에 따라 곁들임용 추가

닭고기 재료
껍질과 뼈를 제거한 닭 가슴살 4개
마늘 2쪽
말린 타임 2작은술
파프리카 가루 2작은술
검은 후추 1작은술
올스파이스 가루 2작은술
해바라기씨 오일 또는 식물성 오일 1큰술
소금과 후추
밥, 곁들임용(선택 사항)

1

먼저 닭고기를 손질한다. 브로일러를 중간 불에
달군다. 날카로운 칼로 닭 가슴살에 3분의 1
정도 깊이의 칼집을 3군데씩 넣는다.

2

마늘을 으깨서 말린 타임, 파프리카 가루,
검은 후추, 올스파이스, 오일과 함께 작은 볼에
담는다. 소금으로 간을 하고 잘 섞는다.

3

향신료 럽을 닭고기 칼집 안쪽까지 골고루
문지른다. 닭고기는 이 단계에서 냉장고에
24시간까지 재울 수 있다. 요리할 준비가 되면
닭고기를 그릴 팬에 얹는다. 중간에 한두 번
뒤집으며 브로일러에서 12분간 굽는다.

4

닭고기를 굽는 동안 살사를 준비한다.
파인애플의 양쪽 끄트머리를 자른다. 이어서
길게 4등분한 다음 조각마다 안쪽에 길게 붙은
단단하고 색이 옅은 심을 자른다.

잘 익은 파인애플 고르는 법
즙이 많고 달콤한 파인애플에서는 향긋한 과일
향이 난다. 왕관 모양 잎 중에서 가운데 부분의
잎을 하나 잡고 당겨 보자. 부드럽게 당겼을 때
떨어져 나오면 잘 익은 파인애플이다.

5

파인애플 조각에 십자 모양 칼집을 약 1cm
너비에 껍질에 닿을 정도로 깊게 넣는다. 이어서
껍질에서 약 1cm 떨어진 부분에 칼날을 밀어
넣고 껍질을 분리해 작은 사각형 모양의 과육만
떨어져 나오도록 한다. 큰 볼에 파인애플
과육을 담는다.

6

양파를 곱게 다지고 고추와 빨강 파프리카는
씨를 제거하고 곱게 다진다. 파인애플을 더해
골고루 버무린다. 고수 잎을 굵게 다져 살사에
넣고 라임 즙을 짜서 더한 다음 섞는다. 소금과
후추로 간을 한다.

7

12분 후면 닭고기가 전체적으로 짙은 갈색을
띠고 군데군데 까맣게 그슬리며 골고루 익을
것이다. 아직 살사 재료를 다 썰지 못했더라도
걱정하지 말자. 닭고기에 알루미늄 포일을 덮어
온기를 유지하며 잠깐 휴지하는 편이 더 먹기
좋기 때문이다.

닭고기가 다 익었는지 보려면?
고기에 칼집을 넣으면 열이 안쪽까지 쉽게
전달된다. 닭고기가 다 익었는지 확인하려면
날카로운 칼로 닭 가슴살의 제일 두꺼운 부분을
찔러 본다. 뽑았을 때 고기에서 분홍색을 전혀
띠지 않는 맑은 즙이 흘러나와야 한다. 칼 끝
부분도 뜨거운 상태여야 한다. 그렇지 않으면
닭고기를 다시 그릴에 얹어 2~3분간 구운 다음
재확인한다.

8

닭고기에 살사 적당량, 쐐기 모양으로 썬 라임,
맨밥을 취향에 따라 곁들여 낸다.

속을 채운 닭고기와 토마토 및 루콜라

준비 시간: 20분

조리 시간: 25분

4인분(2인분 조리 용이)

맛있는 한 냄비 요리를 조리한 상태 그대로
식탁에 내 보자. 모두가 감탄할 테고, 닭고기를
다 먹어 치우고 나면 바삭한 빵으로 찍어 먹기
딱 좋은 국물이 남는다.

생로즈메리 2줄기

껍질과 뼈를 제거한 닭 가슴살(중) 4개

연질 염소젖 치즈(또는 기타 모든 연질 전지유
치즈) 100g

얇은 염장 건조 훈제 줄무늬 베이컨 8장

해바라기씨 오일 또는 식물성 오일 1큰술

잘 익은 토마토 4개(대) 또는 6개(중)

마늘 1쪽

엑스트라 버진 올리브 오일 2큰술

야생 루콜라 또는 그 밖의 샐러드 채소 100g

레몬 ½개

소금과 후추

1

오븐을 200℃로 예열한다. 로즈메리는 잎을 따서 곱게 다진다. 닭고기는 도마에 얹는다. 날카로운 소형 칼로 각 닭 가슴살의 제일 두꺼운 부분에 칼집을 하나 내고 살점 안쪽을 잘라 빈 공간을 만든다. 손가락으로 그 속에 치즈를 넣고 최대한 잘 여민다.

2

닭고기에 소금과 후추로 간을 하고 절반 분량의 로즈메리를 뿌린다. 베이컨을 닭 가슴살 1개당 2장씩 단단하게 말고 끝 부분은 바닥에 잘 끼워 여민다.

3

직화 가능한 얕은 캐서롤 냄비를 강한 불에 올리고 오일을 두른다. 30초 후에 닭고기를 넣는다. 베이컨이 노릇해지기 시작할 때까지 한 면당 2분씩 굽는다. 주방용 집게를 쓰면 편리하다.

4

그사이에 토마토를 아주 두껍게 저민다. 마늘은
얇게 저민다. 토마토를 캐서롤 냄비에 넣고 남은
로즈메리와 마늘을 뿌린다. 소금과 후추로 간을
하고 엑스트라 버진 올리브 오일 약 ½큰술을
두른다. 오븐에서 25분간 익힌다.

팬을 오븐에서 꺼내 2~3분간 그대로 둬서
닭고기를 휴지한다. 닭고기 주변으로 맛있는
토마토 풍미의 즙이 배어 나올 것이다.

5

루콜라를 큰 볼에 담는다. 레몬 즙을 짜서 남은
엑스트라 버진 올리브 오일과 함께 루콜라 위에
두른다. 소금과 후추로 간을 한다.

6

닭고기에 샐러드를 곁들이고 팬에 남은 따뜻한
즙을 각 접시마다 조금씩 둘러서 낸다.

그릴에 구운 스테이크와
마늘 버터

준비 시간: 15분 + 차갑게 굳히기 10분
조리 시간: 5~7분
2인분

스테이크 굽는 법은 놀라울 정도로 쉽다. 좋은 고기를 사서 몇 가지 기본 규칙만 지키며 구우면 굉장히 특별한 음식이 완성된다. 마늘 버터의 분량은 2인분 이상이지만 남은 것을 랩에 싸서 냉장고에서 1주일간, 냉동고에서 1개월간 보관할 수 있다.

마늘 1쪽
생이탈리안 파슬리 1줌
부드러운 무염 버터 50g
천일염 플레이크 ¼작은술
실온에 둔 등심 스테이크(약 2cm 두께) 2장
식물성 오일 또는 해바라기씨 오일 1작은술
소금과 후추

1
먼저 마늘 버터를 만든다. 마늘은 으깨고 파슬리는 굵게 다진다. 작은 볼에 마늘과 파슬리를 담는다. 버터, 소금 ¼작은술을 넣고 후추로 간을 한 다음 포크로 잘 섞는다.

2
작업대에 랩 1장을 펼친다. 버터를 랩에 적당히 직사각형 모양으로 얹는다. 랩으로 버터를 감싸고 양쪽 끄트머리를 꼬아서 탄탄한 소시지 모양을 만든다. 냉동고에서 10분간 차갑게 굳힌다. (시간 여유가 있으면 냉장고에 더 오래 넣어 두어도 좋다.)

3
그동안 스테이크용 고기에서 여분의 기름기를 떼어내되(지방이 너무 많으면 부엌이 연기로 자욱해질 뿐이다.) 5mm 두께 정도는 남겨 둔다. 이 지방층에 주방 가위로 칼집을 살짝 넣으면 스테이크를 구울 때 오그라들지 않는다.

4
굽기 직전에 스테이크에 오일을 바르고 소금과 후추로 넉넉히 간을 한다. 그릴 또는 번철을 중간 불에 올리고 뜨겁지만 연기가 오르지는 않을 정도로 달군다. 스테이크를 그릴 또는 번철에 얹고 건드리지 않은 채로 2분간 굽는다. 얹으면 즉시 지글지글 소리가 나야 한다. 조용하면 팬을 충분히 뜨겁게 달구지 않은 것이다. 그러면 팬을 1분간 더 달군 다음 다시 고기를 얹는다. 아랫면이 제대로 노릇노릇해지도록 팔레트 나이프나 뒤집개로 스테이크 표면을 꾹꾹 누른다.

5

스테이크를 뒤집고 2분 더 구우면 가운데가
분홍색에 촉촉한 미디엄 레어가 된다. 처음처럼
스테이크를 눌러서 아랫면이 노릇해지고
바삭한 껍질이 생기도록 한다. 각 면을 2분당
구운 다음에 스테이크를 눌러 본다. 미디엄
레어 스테이크라면 아주 부드럽거나 아주
탱탱하지 않고 가벼운 탄력감을 보일 것이다.
미디엄 스테이크는 한 면당 3분씩 굽는다.
집게로 스테이크를 잡고 지방 부분이 아래로
가도록 팬에 대고 가장자리의 지방 부분을
익힌다. 약 30초간 자세를 유지해서 지방 부분이
노릇해지도록 한다.

6

스테이크를 따뜻한 접시에 옮기고 팬을 불에서
내린다. 스테이크에 알루미늄 포일을 아주
느슨하게 덮어 1~2분 정도 휴지한다. 기다리는
동안 브로일러를 강한 불로 예열한다.

7

스테이크와 휴지 중에 흘러나온 즙을 다시 팬에
넣는다. 마늘 버터를 싼 랩을 벗기고 두꺼운
원형으로 2장 자른다. 스테이크 위에 하나씩
얹는다.

8

버터가 녹아 스테이크와 아래 육즙으로 퍼지기
시작할 때까지 브로일러에서 30초간 굽는다.

9

스테이크를 버터 향 즙과 함께 내서 바로 먹는다.

스테이크 맛의 황금률
스테이크는 언제나 조리하기 1시간 전에 미리
냉장고에서 꺼내 실온 상태로 둔다. 스테이크
무게보다 두께가 더 중요하다. 얇은 스테이크는
두꺼운 것보다 더 빨리 익는다. 조리 시간에는
언제나 주의를 기울여야 한다. 너무 익은
스테이크는 돌이킬 방법이 없지만, 덜 익은
스테이크는 언제건 다시 그릴에 올리면 된다.

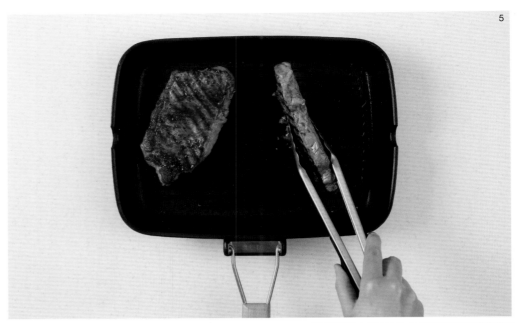

카르보나라 스파게티

준비 시간: 10분
조리 시간: 10~12분
2인분 (4인분 조리 용이)

여섯 가지 재료만으로 순식간에 훌륭한 요리가
완성된다. 파르미지아노 치즈와 달걀 혼합물에
크림을 딱 두어 큰술만 더해 파스타에 부으면
고급스러운 풍미가 난다.

천일염 플레이크 1작은술
스파게티 200g
마늘 1쪽
얇은 훈제 염장 건조 줄무늬 베이컨 4장 또는
    훈제 베이컨 라르동●이나 깍둑 썬 판체타
    100g
마일드 올리브 오일 1큰술
파르미지아노 치즈 40g
달걀 3개(중)
소금과 후추

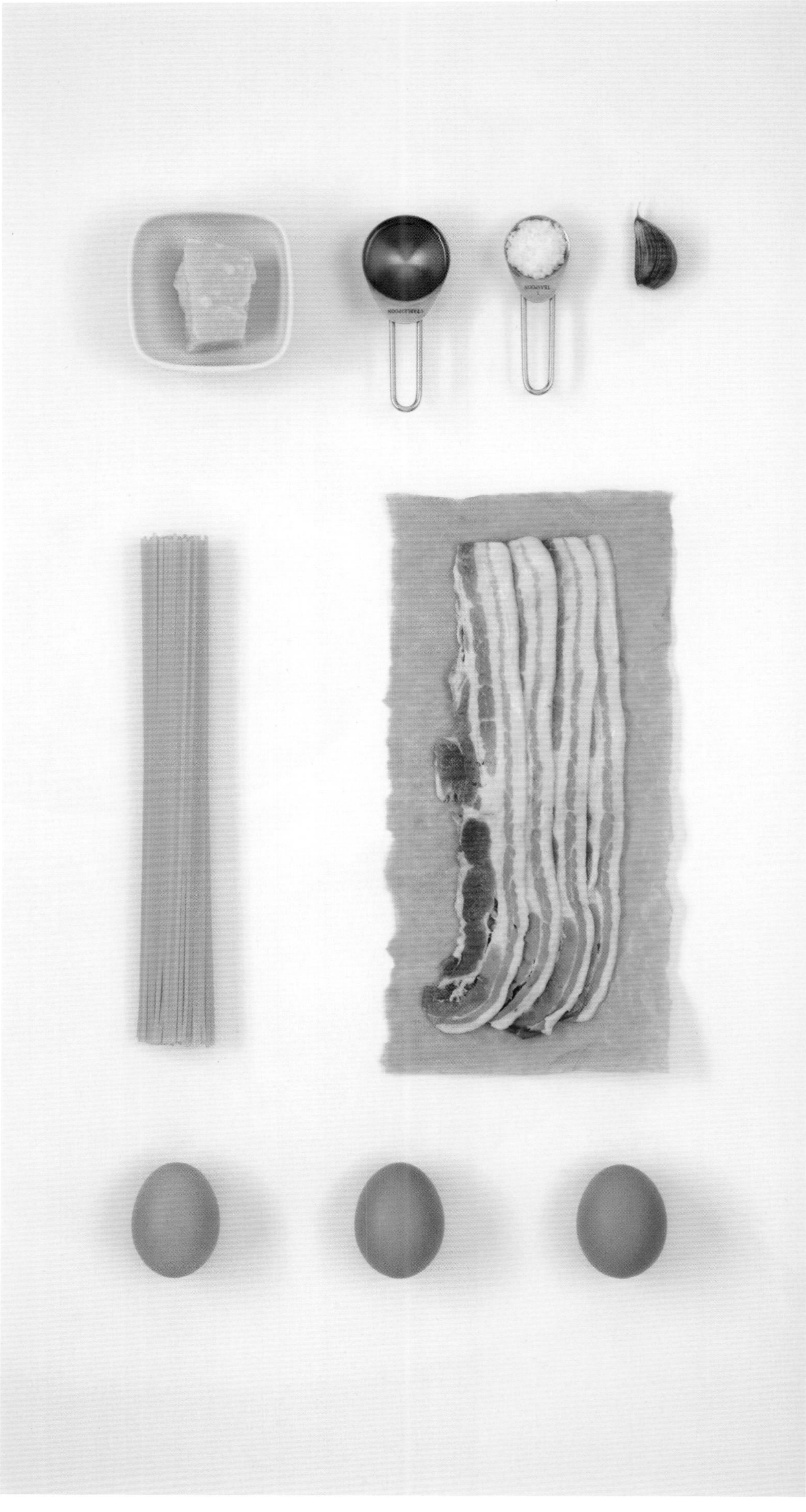

● 기름기가 많은 베이컨이나 돼지 지방 등을 길게 혹은 깍둑
    썰은 것으로, 프랑스 요리에 다양하게 사용한다.

1

큰 냄비에 물을 담고 강한 불에 올려 한소끔
끓인다. 소금을 넣고 스파게티를 더해 다시
한소끔 끓인다. 한 번 저은 후 불 세기를 약간
낮추고 스파게티가 적당히 부드러워질 때까지
10분간 삶는다. (141쪽 참조)

2

스파게티를 삶는 동안 소스를 만든다.
통마늘을 껍질째 눌러 부순다. 팬 바닥으로
두들기면 간단하게 깰 수 있다. (만약
사용한다면) 베이컨은 잘게 썬다. 큰
프라이팬을 중간 불에 달구고 오일을 두른다.
30초 후에 다진 베이컨 또는 라르동과 마늘을
넣는다. 베이컨이 노릇해지고 기름기가
배어 나올 때까지 8~10분간 익힌다. 마늘을
제거하고 팬을 불에서 내린다.

3

베이컨을 굽는 동안 파르미지아노 치즈를 곱게
갈고 달걀은 깨서 그릇에 담아 포크로 푼다.
절반 분량의 파르미지아노 치즈를 달걀에 넣어
섞는다. 소금과 후추로 간을 한다.

4

스파게티가 적당히 부드러워지면 파스타 삶은
물을 1컵 남겨 두고 스파게티를 채반에 밭친다.
베이컨 팬에 스파게티를 넣고 파스타 삶은
물을 2큰술 더한 다음 달걀 치즈 혼합물을
붓는다. 재빠르게 전체적으로 뒤섞어(집게가
유용하다.) 달걀 혼합물과 베이컨, 베이컨
기름이 스파게티에 골고루 버무려지도록 한다.
팬과 파스타의 잔열 덕분에 1분 정도면 달걀이
크리미한 소스로 변한다.

5

파스타를 따뜻한 그릇에 담고 남은 치즈와
검은 후추 약간을 뿌려 바로 낸다.

새우 팟타이

준비 시간: 15분
조리 시간: 10분
4인분

태국 요리점의 간판 메뉴인 쉽고 빠른 새우
팟타이에 두부를 더해 보자. 차갑게 식은 남은
로스트 치킨을 넣어도 좋다.

넓적한 쌀국수 400g
단단한 두부, 물기를 뺀 것 1모(250g)
굵은 마늘, 으깬 것 3쪽 분량
쪽파 1단
생고수 1단(소)
식물성 오일 또는 해바라기씨 오일 1큰술
타마린 페이스트 3큰술(선택 사항)
스위트 칠리 소스 3큰술
태국 피시 소스 3큰술
정제 황설탕 1½큰술
구운 땅콩 1줌(선택 사항)
달걀 4개(중)
껍데기를 벗긴 생새우 200g
칠리 플레이크 ½작은술(취향에 따라 추가)
라임 2개
숙주 100g

1

주전자에 물을 끓인다. 큰 볼에 쌀국수를 담고 끓는 물을 잠길 만큼 붓는다. 살짝 저은 다음 8번 과정을 진행할 때까지 불린다.

쌀국수가 서로 달라붙는다면
쌀국수는 불리는 과정에서 서로 달라붙어 뭉치기도 한다. 그럴 때는 쌀국수를 채반에 밭치고 흐르는 찬물에 씻으며 손가락으로 푼다.

2

그동안 두부를 가로세로 약 2cm 크기로 깍둑 썬다. 마늘은 으깨고 쪽파는 얇게 송송 썬다. 고수는 잎만 딴다.

3

큰 들러붙음 방지 코팅 프라이팬 또는 궁중팬을 중강 불에 올린다. 오일을 두르고 두부를 넣는다. 자주 뒤적이며 두부가 골고루 노릇해질 때까지 6분간 볶는다. 두부를 그물 국자로 꺼내 종이 행주에 얹는다. 그러면 여분의 기름기를 제거할 수 있다.

4

그동안 소형 그릇에 타마린 페이스트, 칠리 소스, 피시 소스, 설탕을 담고 잘 섞는다. (만약 사용한다면) 땅콩은 굵게 다진다. 달걀을 깨서 볼에 담고 포크로 살짝 푼다.

타마린 페이스트
타마린 깍지로 만든 갈색 페이스트로 농도가 꽤 묽다. 타마린은 독특한 신맛을 내서 여러 동양식 요리에 톡 쏘는 풍미를 더한다. 대체로 슈퍼마켓에서 구입할 수 있지만, 없다면 라임 주스를 넉넉히 더하면 된다.

5

팬을 다시 강한 불에 올린다. 오일을 더 두를 필요는 없다. 새우를 넣고 완전히 분홍색으로 변할 때까지 2분간 볶는다. 마늘, 칠리 플레이크, 절반 분량의 쪽파를 넣는다. 잘 저으며 마늘과 쪽파에서 향이 올라올 때까지 2~3초간 익힌다.

6

새우를 접시에 옮기고 팬에 달걀 물을 붓는다. 오믈렛을 만들 때처럼 달걀 물을 나무 주걱으로 휘저어 팬에 골고루 퍼트리며 30초~1분간 익힌다.

7

달걀 지단을 팬에서 꺼내 도마에 옮긴다. 팬케이크처럼 돌돌 말아 길고 가느다란 끈 모양으로 송송 썬다. 집중해야 할 경우 팬을 잠깐 불에서 내린다.

8

팬을 다시 불에 올리고 쌀국수를 물에서 건져 물기를 떨어낸 다음 팬에 넣는다. 소스를 붓고 대부분의 고수 잎과 채썬 달걀 지단, 두부, 새우, 남은 쪽파를 더한 다음 라임즙을 짜서 뿌리고 골고루 버무린다.

적절한 도구 사용하기
쌀국수와 소스를 버무릴 때는 주방용 집게를 사용하면 작업하기 쉽다. 집게가 없다면 대신 나무 주걱 2개를 잡고 샐러드를 버무릴 때처럼 가볍게 골고루 뒤섞는다.

9

팟타이를 정통 방식으로 내려면 쌀국수 옆에 땅콩과 숙주를 수북하게 쌓은 다음 남은 고수를 골고루 뿌린다. 남은 라임을 쐐기 모양으로 썰어 접시마다 하나씩 놓는다.

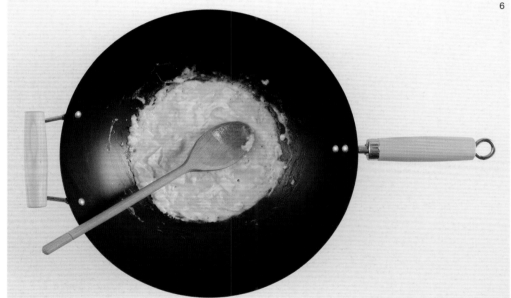

태국식 소고기 커리

준비 시간: 15분
조리 시간: 16분
2인분 (4인분 조리 용이)

향긋한 태국식 커리 한 그릇으로 입맛을
산뜻하게 되살려 보자. 집에서도 쉽고 간단하게
만들 수 있다. 닭고기나 새우 커리를 만들려면
170쪽의 안내를 참조하자. 커리의 완벽한
단짝인 푸슬푸슬한 바스마티 밥 레시피는
145쪽을 참조한다.

굵은 마늘 2쪽
날생강 1개(엄지 크기)
스테이크용 고기(등심 또는 우둔) 300g
깍지콩 100g
어린 가지 5개(또는 일반 가지 1개)
해바라기씨 오일 또는 식물성 오일 2큰술
태국식 레드 또는 그린 커리 페이스트 1½큰술
설탕 1작은술
코코넛 밀크 1통(400g 들이, 취향에 따라
　　저지방)
동결 건조 카피르 라임 잎 4장(선택 사항)
굵은 홍고추 1개
태국 피시 소스 2큰술
라임 1개
생고수 1줌(소)
밥, 곁들임용(선택 사항)

1

마늘은 으깨고 생강은 곱게 간다. 스테이크용 고기는 얇게 저민다. 부드럽게 익히려면 결 반대 방향으로 썰어야 한다. 깍지콩의 끝 부분을 잘라내 다듬고 반으로 썬다. 가지는 두툼하게 썬다.

2

큰 프라이팬을 강한 불에 올리고 오일을 두른다. 30초 후에 마늘, 생강, 스테이크를 넣는다. 스테이크 색이 바뀔 때까지 2분간 볶은 다음 고기를 들어 내고 마늘과 생강은 그대로 둔다.

3

팬에 커리 페이스트를 넣고 잘 섞은 다음 지글지글 소리가 나고 향이 올라올 때까지 2분간 익힌다.

4

설탕, 코코넛 밀크, 물 100ml, 깍지콩, 가지,
라임 잎을 넣고 채소가 적당히 부드러워질
때까지 10분간 뭉근하게 익힌다.

카피르 라임 잎
카피르 라임 잎은 소박하지만 커리에 넣으면
살짝 부풀면서 강렬한 라임 향과 풍미를 불어
넣는다. 슈퍼마켓에서 구할 수 없다면 대신
라임 제스트를 곱게 갈아 사용한다.

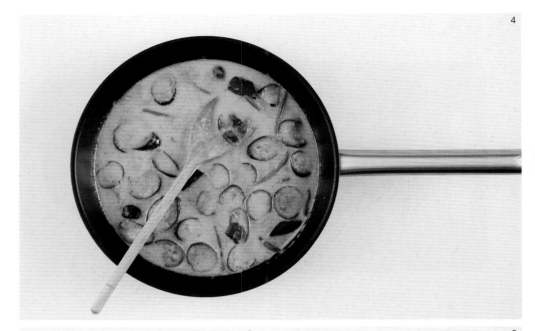

5

그동안 홍고추를 가늘게 채 썰고 고수는
줄기에서 잎만 떼어 낸다. 채소가 부드러워지면
커리에 피시 소스를 넣고 라임 즙을 짜서
더한다. 잘 섞은 다음 소스 맛을 본다. 달콤짭짤,
매콤새콤한 맛이 어느 것 하나 튀지 않고
균형을 이루어야 한다. 소고기를 다시 팬에 넣고
1분간 데운다.

6

채썬 홍고추와 고수 잎을 뿌린다.

7

그릇에 커리를 담고 밥과 함께 낸다.

변주
닭고기 커리를 만들려면 닭 가슴살 2개를 얇게
저며서 하얗게 변할 때까지 소고기처럼 볶는다.
같은 방식으로 진행하다가 4번 과정 중간
즈음에 팬에 다시 넣는다. 새우 커리를 만들려면
5번 과정까지 그대로 진행한다. 이어서 생새우
300g을 넣은 다음 완전히 분홍색으로 변하고
다 익을 때까지 1~2분간 뭉근하게 익힌다.

여럿이

즐기는

스티키 바비큐 립

준비 시간: 10분 + 재우기 1시간
조리 시간: 2시간 30분
6인분

맛있는 바비큐 마리네이드 만들기는 손바닥
뒤집기만큼이나 쉽다. 립과 마리네이드를
오븐에 넣고 천천히 익도록 내버려 두면 알아서
소스가 완성된다. 립은 뼈 주변에 살점과
기름기가 듬뿍 붙은 것으로 고르자.

마늘 1쪽
토마토 퓌레 3큰술
간장 6큰술
액상 꿀 3큰술
레드 와인 식초 2큰술
마스코바도 흑설탕 2큰술
천일염 플레이크 ½작은술
후추 ½작은술
파프리카 가루 ½작은술
타바스코 소스 ½작은술
우스터 소스 2큰술
두툼한 돼지고기 스페어 립 18대(약 2kg)

1

마늘을 으깨 큰 볼에 담는다. 돼지고기를
제외한 모든 재료를 더해 잘 섞는다. 돼지고기
립을 넣고 골고루 버무린다. 실온에서 최소한
1시간 또는 냉장고에서 24시간까지 재운다.

2

오븐을 180℃로 예열한다. 돼지고기 립과
절임액을 큰 로스팅 팬에 담고 골고루 편다.
알루미늄 포일로 팬을 단단히 봉하고 1시간
30분간 굽는다. 포일을 벗겨 내고 다시 오븐에
넣어 20분마다 립을 뒤집어 소스를 골고루
묻히면서 총 1시간 동안 굽는다. 집게를
이용하면 쉽다.

3

살살 녹을 정도로 부드럽게 다 익은 립에는
진하고 끈적한 소스가 잔뜩 묻어 있을 것이다.
손 씻을 물을 담은 그릇과 냅킨을 곁들여서
그대로 낸다.

닭 날개와 블루 치즈 딥

준비 시간: 15분
조리 시간: 40분
6인분 (12인분 조리 용이)

모두가 가끔 깜박하곤 하지만, 닭 날개는 정말로
값싸면서도 맛좋은 부위이다. 여기서는 바삭한
닭 날개를 칠리 소스에 버무려서 크리미한
블루 치즈 딥과 아삭한 셀러리를 곁들여 낸다.
어울리지 않을 것 같아 보여도 사실 한 번 손을
뻗으면 멈출 수 없는 조합이다.

닭 날개 1kg
천일염 플레이크 ¼작은술
후추 ¼작은술
카이엔 고춧가루 ¼작은술
향이 강한 블루 치즈(스틸톤, 생 아구르,
　　고르곤촐라 등) 70g
플레인 요구르트 5큰술
양질의 마요네즈 4큰술
셀러리 1단
칠리 소스(시판품) 100ml

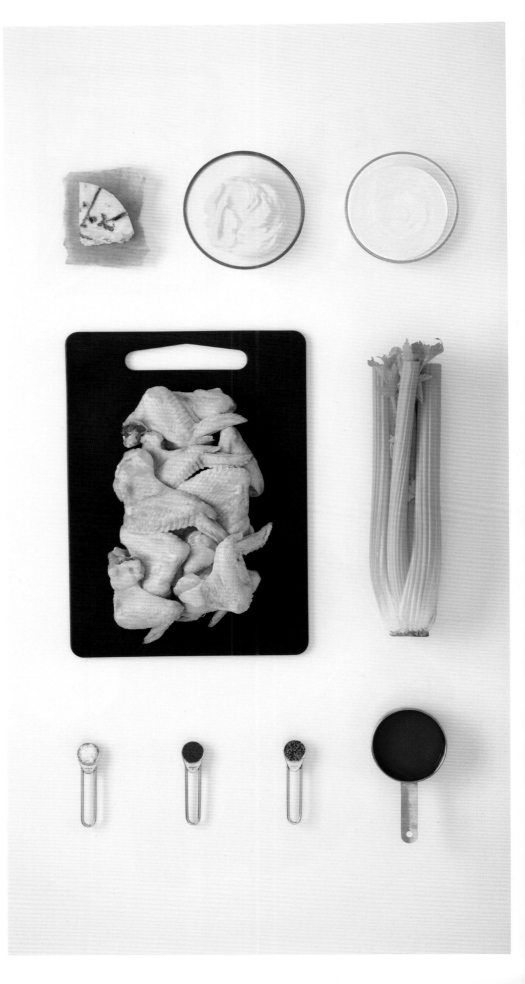

1

오븐을 200℃로 예열한다. 닭 날개에 마지막 관절 부위가 달려 있으면 주방 가위로 자른 다음 날카로운 칼로 가운데 관절을 분리해 날개와 봉 부위를 분리한다.

2

닭고기를 큰 베이킹 트레이에 담고 소금, 후추, 카이엔 고춧가루를 뿌린다. 손으로 닭에 양념을 골고루 버무린다.

3

닭고기를 오븐에서 중간에 한 번 뒤집어 가며 바삭하고 노릇해질 때까지 40분간 굽는다. 그동안 블루 치즈 딥을 만든다. 큰 볼에 블루 치즈를 담고 포크로 으깬다. 요구르트와 마요네즈를 더하고 소금과 후추로 간을 한다. 잘 섞어 먹기 전까지 냉장고에서 차갑게 식힌다.

4

셀러리 밑단을 다듬어 줄기를 따로 분리한다.
잎은 전부 잘라 손질한다. 셀러리 줄기를
손가락 길이로 자른다.

5

닭고기가 전체적으로 바삭해지고
부드러워지면 칠리 소스를 끼얹어서 골고루
버무린다.

6

닭고기에 블루 치즈 딥과 셀러리 스틱을
곁들이고 손을 닦을 냅킨을 함께 낸다.

안티파스티와 타프나드 및 토마토 브루스케타

준비 시간: 35분
조리 시간: 4분
6인분

퓨전 요리에 가까운 레시피지만, 그래도 아주 좋은 퓨전이다. 식사를 시작하는 이탈리아의 방식인 안티파스티(Antipasti, 문자 그대로 '식전'이라는 뜻)에 토마토를 얹은 바삭한 토스트인 브루스케타를 곁들였다. 타프나드는 전통 프랑스식 올리브 페이스트지만 이탈리아에서도 인기가 좋으며, 안티파스티 보드에 올라가는 다른 재료들, 그리고 그 맛과 훌륭하게 어우러진다.

씨를 제거한 양질의 블랙 또는 그린 올리브 100g(씨 포함 150g)
식초에 절인 케이퍼, 물기를 뺀 것 2큰술
안초비 필레(통조림), 물기를 뺀 것 2장
생타임 줄기 3개
엑스트라 버진 올리브 오일 2큰술, 곁들임용 여분
레몬 ½개
잘 익은 토마토 3개(총 약 250g)
생바질 1줌
껍질이 바삭한 사워도우 빵 또는 기타 양질의 빵 400g
마늘 1쪽
소금과 후추
프로슈토나 살라미 등 원하는 염장 고기류 제품(1인당 3~4장)
코니숑, 케이퍼 베리●와 절인 아티초크, 곁들임용

● 케이퍼 덤불의 열매를 절여 만든 보존 식품으로, 속의 씨가 탁탁 터지는 질감이 매력적이다. 참고로 케이퍼는 같은 덤불의 꽃봉오리를 절여 만든다.

1

타프나드를 만든다. 푸드 프로세서 볼에
올리브, 케이퍼, 안초비, 타임 잎, 오일을
넣는다. 레몬을 짜서 즙을 볼에 더한다.

2

푸드 프로세서를 짧은 간격으로 돌려 걸쭉하고
거친 페이스트를 만든다. 질감이 제대로 날
때까지 볼 가장자리를 여러 번 훑어 내리면서
간다.

3

브루스케타를 준비한다. 토마토를 굵게 다져
볼에 담는다. 바질 잎을 굵게 다지고 토마토에
섞는다. 소금과 후추, 엑스트라 버진 올리브
오일 소량으로 간을 한다. 따로 둔다.

토마토를 최대한 맛있게 먹는 법
토마토는 차가울 때보다 실온일 때 훨씬 맛이
좋다. 직사광선과 열원을 피하기만 하면
실온에서 며칠간 보관할 수 있으며, 그사이에
더 익기도 한다. 부엌이 너무 따뜻하면 토마토를
냉장고에 보관하되, 사용하기 몇 시간 전에
반드시 냉장고에서 꺼내 실온에 두어야 한다.

4

빵 조각을 크기에 따라 각각 2~3등분한다.
그릴을 강한 불에 달군다. 큰 베이킹 시트에
빵을 얹고 그릴에 올려 바삭하고 노릇해질
때까지 한 면당 2분씩 굽는다.

5

마늘을 반으로 자르고 구운 빵 한 면에 자른
마늘의 단면을 문지른다. 그 위에 오일을 약간
두른다.

6

큰 도마에 토스트, 염장 고기, 코니숑, 케이퍼
베리, 아티초크, 다진 토마토, 타프나드를 담아
직접 조립해서 먹을 수 있도록 한다. 토스트에
토마토를 얹거나 타프나드를 약간 발라
브루스케타를 만든다.

치즈 나초와 과카몰리

준비 시간: 30분
조리 시간: 7분
6인분

바삭한 나초는 언제나 인기가 좋으며, 채식하는
사람이 있는지 여부를 모를 때 간식으로
내놓기 좋다. 접시 바닥까지 빠짐없이 소스와
토르티야, 콩을 켜켜이 쌓으면 모든 토르티야에
무언가 맛있는 것이 묻어 있게 된다.

마늘 1쪽
엑스트라 버진 올리브 오일 또는 마일드 올리브
　　오일 3큰술
통조림 다진 토마토 1통(400g 들이)
잘 익은 아보카도 3개(185쪽 설명 참조)
생고수 1단(소)
적양파 1개
잘 익은 토마토 1개
라임 2개
체다처럼 맛있고 잘 녹는 치즈 200g
약한 가염 또는 '기본' 맛 토르티야 칩 400g
통조림 검은콩, 물기를 뺀 것 1통(400g 들이)
할라페뇨 고추 슬라이스(통조림), 물기를 뺀 것
　　1줌
사워크림 200ml
소금과 후추

1

먼저 나초용 토마토 소스를 만든다. 마늘을
얇게 저민다. 팬을 약한 불에 올리고 오일
2큰술을 두른다. 약 30초 후 마늘을 넣고
2분간 잔잔하게 지글지글 익힌다. 노릇하게
색이 나지 않도록 한다.

2

불 세기를 높이고 통조림 토마토를 붓는다.
뚜껑을 연 채로 혼합물이 걸쭉해지고 약
3분의 2 정도로 부피가 줄어들 때까지 15분간
뭉근하게 익힌다. 소금과 후추로 간을 하고
식힌다. 토마토 소스는 한참 전에 미리 만들어
둘 수 있으며, 냉동 보관이 가능하다.

3

과카몰리를 만들기 위해 아보카도를 반으로
자른다. 찻숟가락으로 씨를 제거하고 과육을
파내 큰 볼에 담는다.

아보카도 고르는 법과 손질법
잘 익은 아보카도를 고르려면 꼭지 부분을
살짝 눌러 본다. 살짝 들어가면 잘 익은 것이다.
푹신하면 이미 때를 놓친 것이다.

아보카도를 반으로 자르려면 칼날이 씨에 닿을
때까지 아주 조심스럽게 밀어 넣는다. 칼날이
씨에 닿은 상태를 유지하면서 아보카도 주위를
한 바퀴 돌려 자른다. 칼을 꺼내고 아보카도를
비틀어 두 조각으로 분리한다.

4

아보카도를 볼 가장자리에 대고 포크로 으깬다.
고수 줄기를 곱게 다지고 잎은 굵게 다진다.
양파는 곱게 다지고 생토마토는 굵게 다진다.
아보카도에 손질한 재료와 남은 올리브 오일을
더해 섞는다. 라임에서 짠 즙을 넣고 섞는다.
소금과 후추로 간을 한다. 과카몰리는 랩을
단단하게 씌워 24시간까지 냉장 보관할 수
있다.

5

오븐을 200℃로 예열한다. 치즈를 간다. 절반
분량의 토르티야 칩을 내열용 큰 그릇 2개에
나눠 담는다. 절반 분량의 토마토 소스를
적당히 뿌리고 절반 분량의 콩, 할라페뇨 약간,
치즈 약간을 뿌린 다음 치즈가 바닥날 때까지
같은 과정을 반복하며 켜켜이 쌓는다.

6

나초를 약 7분간 또는 치즈가 녹을 때까지
굽는다. 할라페뇨와 남은 고수 잎을 약간
뿌린다. 과카몰리와 사워크림을 약간씩 위에
올리고 나머지는 곁들여 낸다.

마르게리타 피자

준비 시간: 25분 + 발효 1시간
조리 시간: 30분
6인분(피자 2개 분량)

사실상 무반죽 도우에 익히지 않고 만드는
토마토 소스이니, 수제 피자 레시피치고 이보다
더 쉽기는 힘들다. 아이들은 먹을 때만큼이나
만들 때에도 기쁘게 함께할 것이다!

제빵용 백밀가루 300g, 덧가루용 여분
천일염 플레이크 1작은술
즉석 활성 건조 효모 1작은술 또는 1봉(7g 들이)
엑스트라 버진 올리브 오일 2큰술, 반죽 및
　　마무리용 여분
마늘 1쪽
생바질 1줌
파사타Passata(으깨서 체에 거른 토마토)
　　120ml
말린 오레가노 1작은술
방울토마토 1줌
모차렐라 치즈, 물기를 뺀 것 120g
파르미지아노 치즈 40g
소금과 후추

1

먼저 반죽을 만든다. 큰 볼에 밀가루, 소금,
효모를 담고 잘 섞는다. 따뜻한 물 200ml를
그릇에 붓고 오일을 더한다.

2

오일과 물을 밀가루와 효모 위에 붓고 빠르게
휘저어 거칠고 상당히 끈적한 반죽을 만든다.
그대로 10분간 재운다.

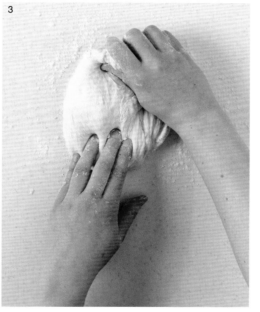

3

작업대에 가볍게 덧가루를 뿌리고 손에도
밀가루를 묻힌다. 작업대에 반죽을 올려
매끄럽고 탄력이 생길 때까지 약 1분 정도
밀고 반죽한다. 앞서 재운 덕분에 30초 정도만
반죽하면 충분하다.

반죽법
반죽의 왼쪽 끄트머리를 왼손으로 누르고
반대쪽 끝을 오른쪽으로 잡아 몸에서 먼
쪽으로 반죽을 민다. 늘어난 반죽을 다시
위로 접어 올리고 손바닥으로 누른 다음
반죽을 직각으로 돌린다. 여러 번 반복하면
반죽이 매끄러워지고 탄력이 생긴다. 반죽이
달라붙으면 작업대에 밀가루를 살짝 뿌린다.

4

반죽을 공 모양으로 다듬어 발효할 준비를
한다.

5

볼 안쪽에 오일을 살짝 바르고 반죽을
넣는다. 랩에 오일을 살짝 바르고 반죽을 덮어
따뜻하지만 뜨겁지 않은 곳(바람이 통하는
찬장이 제일 좋다.)에 반죽이 2배로 부풀
때까지 1시간 동안 발효한다.

6

그동안 소스를 만든다. 마늘을 으깨서 볼에 담는다. 작은 바질 잎은 장식용으로 남겨 두고 나머지는 굵게 다져 볼에 담는다. 파사타와 오레가노를 넣고 섞은 다음 소금이랑 후추로 간을 한다.

7

토마토를 반으로 썰고 모차렐라 치즈는 얇게 저민다. 파르미지아노 치즈를 곱게 간다.

8

반죽이 부풀면 오븐을 240℃로 예열한다. 작업대에 다시 덧가루를 뿌리고 반죽을 모아 손으로 작업대 위에 올린다. 바닥에 기포가 많이 생긴 상태일 것이다. 큰 칼로 반죽을 반으로 자른다.

9

평평한 베이킹 시트 2개에 덧가루를 가볍게 뿌린다. 반죽 하나를 시트 하나 위에 올리고 손가락과 손바닥으로 가볍게 눌러 지름 약 30cm 크기의 거친 원형으로 만든다. 펼칠수록 쪼그라드는 반죽이라 시간이 조금 걸릴 수도 있다. 두 번째 반죽으로 같은 과정을 반복한다.

10

숟가락 뒤쪽을 이용해 피자 위에 토마토 소스를 펴 바르되, 가장자리 둘레에 크러스트가 될 공간을 조금씩 남긴다. 치즈와 토마토를 위에 뿌리고 오일을 약간 두른다. 소금과 후추로 간을 한다. 피자는 이 단계에서 굽기 전까지 냉장고에 2시간 정도 보관할 수 있다.

11

오븐에서 피자 크러스트가 바삭하고 노릇하며 치즈가 지글지글 끓을 때까지 하나당 12~15분씩 굽는다. 남은 바질을 뿌리고 조각으로 잘라서 낸다.

후무스, 절인 올리브와 피타 빵

준비 시간: 20분
조리 시간: 2분
6인분

올리브 한 냄비에 맛을 살짝 더하고 후무스를
적당히 만들면 여럿이 나누어 먹을 수 있는
메즈 플래터Mezze platter●가 몇 분만에
완성된다. 맛있는 후무스를 만드는 비결은
오일과 양념을 아낌없이 쓰는 것으로, 얼마나
많이 넣는지 보고 놀라지 말자.

모듬 올리브(취향에 따라 씨를 빼거나 그대로
　　둔다.) 200g
굵은 홍고추 1개
무왁스 레몬 2개
페타 치즈 200g
레드 또는 화이트 와인 식초 1작은술
엑스트라 버진 올리브 오일 6큰술
생이탈리안 파슬리 1줌
마늘 3쪽
통조림 병아리콩, 물기를 뺀 것 2통(각 400g
　　들이)
천일염 플레이크 1작은술
타히니 3큰술
카이엔 고춧가루 또는 파프리카 가루 1자밤,
　　곁들임용
피타 빵 6개, 곁들임용

● 터키나 그리스, 레바논 등 중동 지역에서 차갑거나 뜨거운
　　짠맛 주전부리류를 모아 차리는 음식 스타일.

1

올리브를 볼에 담는다. 고추는 씨를 빼고 곱게 다지고 레몬 1개의 제스트를 곱게 간다. 페타 치즈는 작게 깍둑 썬다. 올리브와 함께 섞은 다음 식초와 오일 2큰술을 더한다. 파슬리 잎을 굵게 다져 섞는다. 따로 두어 재운다.

2

후무스를 만든다. 마늘을 아주 굵게 다진다. 레몬에서 즙을 짠다. (총 6큰술 정도가 나와야 한다.) 병아리콩을 2큰술만 따로 덜고 나머지를 푸드 프로세서 볼에 부은 다음 마늘, 레몬즙, 오일 3큰술, 소금, 타히니를 더한다.

타히니란?

갈은 참깨로 만든 페이스트인 타히니는 주로 중동 요리에 많이 사용한다. 후무스에 매끄러운 질감과 깊은 견과류 풍미를 더한다.

3

모든 재료를 갈아 매끄럽고 걸쭉한 후무스를
만든다. 필요하면 볼 가장자리를 여러 번 훑어
내려 섞는다. 후무스의 농도가 너무 되면 물을
약간 더한다. (처음에는 2큰술부터 더하기
시작해 양을 조절한다.) 맛을 보고 소금과
후추로 간을 맞춘다.

4

먹기 전에 피타 빵을 데운다. 그릴을 강한 불에
달군다. 피타를 베이킹 트레이에 담고 그릴에
얹어 빵이 살짝 부풀 때까지 한 면당 1분씩
굽는다. 길게 자른다.

5

후무스를 서빙용 볼에 담고 남은 병아리콩을
뿌린 다음 여분의 올리브 오일 1큰술을 두른다.
카이엔 고춧가루 또는 파프리카 가루를 뿌리고
절인 올리브와 길게 썬 피타 빵을 곁들여 낸다.

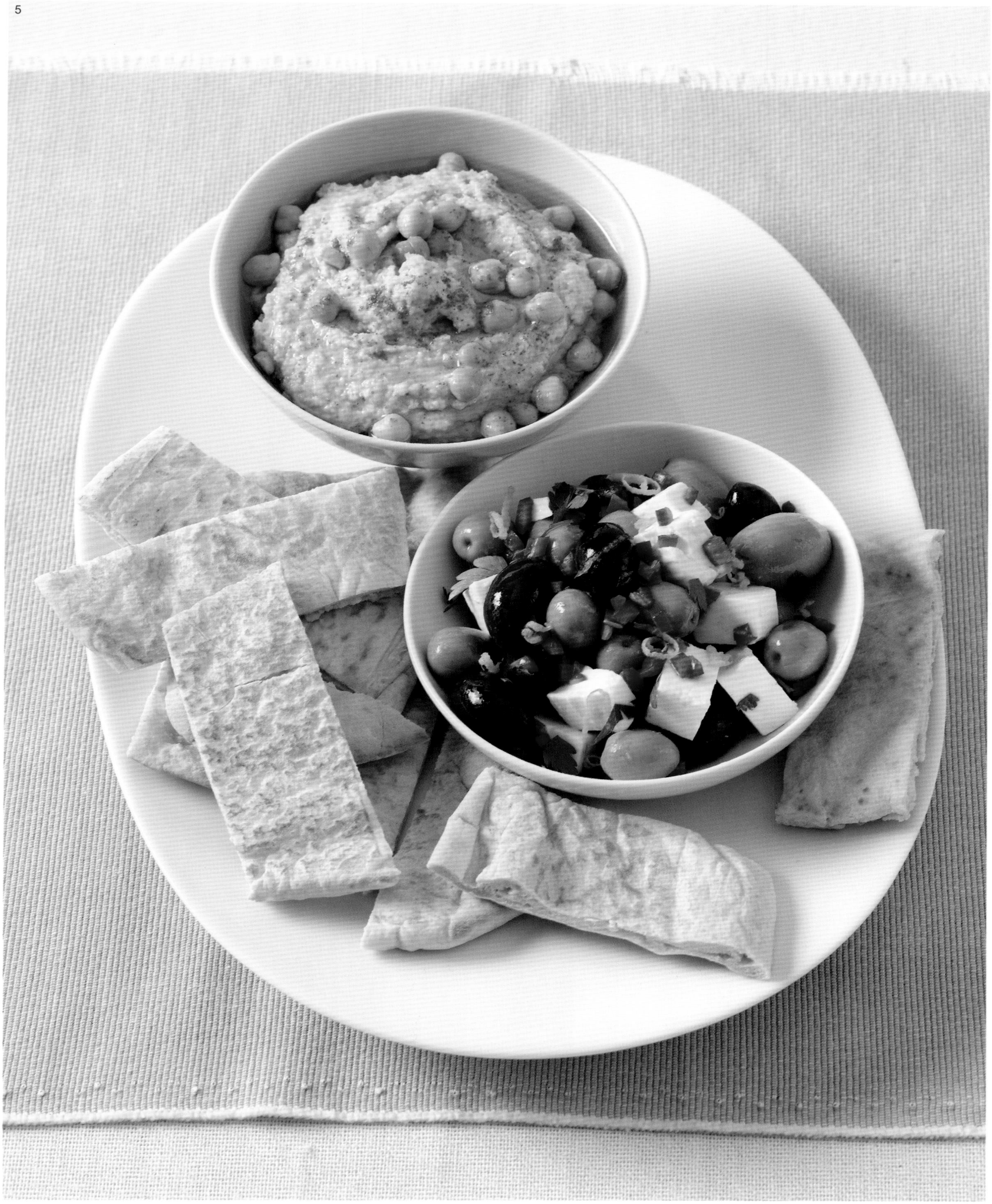

바삭한 오리 밀전병

준비 시간: 20분
조리 시간: 1시간 30분
6인분 (12인분 조리 용이)

이 고전적인 중국 요리를 만드는 비결은 별다를
것이 없다. 그저 오리가 천천히 익어 바삭하고
살살 녹는 완벽한 상태가 될 때까지 기다릴
인내심만 있으면 된다.

중국 오향 가루 2작은술
천일염 플레이크 2작은술
후추 ½작은술
오리 다리 4개
오이 1개(대)
쪽파 2단
중국식 밀전병 24개
해선장 120ml

1

오븐을 160℃로 예열한다. 오향 가루와 소금, 후추를 섞는다. 로스팅 팬에 오리 다리를 얹는다. 오리 다리에 오향 혼합물을 골고루 문지른다.

2

껍질은 바삭하고 짙은 갈색이 되고, 고기는 부드러워질 때까지 1시간 30분간 굽는다. 껍질에 기름기가 배어 나올 것이다. 팬 오븐을 쓰면 오리를 아주 바삭하게 구울 수 있으니 가능하면 팬 오븐을 사용하되, 일반 오븐에 비해 온도를 20℃ 낮춰야 한다는 점을 잊지 말자.

3

그동안 오이와 쪽파를 길게 채 썬다. 쪽파를
길고 가늘게 채 써는 것은 쉽지 않으니
원한다면 둥글게 송송 썰어도 좋다.

4

오리를 굽는 동안 밀전병에 알루미늄 포일을
덮고 오븐에 10분간 데운다. (또는 포장지에
적힌 대로 조리한다.) 포크 2개로 뼈에 붙은
살과 껍질을 발라낸다. 고기가 뼈에서 아주
쉽게 떨어져 나와야 한다. 발라낸 살점과
껍질은 접시에 담아 오븐에 따뜻하게 보관한다.
껍질이 눅눅해지므로 알루미늄 포일은 덮지
않는다.

5

해선장을 식사용 그릇에 담는다. 소스, 잘게
찢은 오리고기와 껍질, 채 썬 오이와 쪽파,
밀전병을 따로따로 담아 각자 싸서 먹을 수
있도록 낸다. 먹을 때는 밀전병에 해선장을
1작은술 얹고 숟가락 뒷면으로 펴 바른다.
밀전병 가운데에 오이채와 쪽파를 소량 얹고
오리를 약간 올린다. 밀전병 아랫부분을 위로
접어 올리고 양쪽 옆을 안으로 접어 위쪽은
열린 채로 말아 먹는다.

중국식 밀전병
슈퍼마켓에서 얇은 중국식 밀전병을 팔지
않는다면 대신 밀 토르티야를 사용한다. 중국식
밀전병과 재료가 같으므로 맛이 거의 비슷하다.
토르티야가 너무 크면, 돌돌 마는 대신 반으로
잘라 속 재료를 넣고 고깔 모양으로 감싸
먹는다.

닭고기 사타이와 땅콩 소스

준비 시간: 20분 + 재우기 30분

조리 시간: 7분

6인분

태국의 수많은 길거리 노점에서 사타이satay를
만들 때 땅콩버터를 사용하지는 않겠지만,
우리에게는 **훌륭한 지름길**이자 꽤 정통에
가까운 맛을 내는 재료가 된다. 닭고기는
최소한 두어 시간 정도 재워야 최고로 촉촉하고
맛있는 사타이를 만들 수 있다.

껍질과 **뼈**를 제거한 닭 가슴살 4개(대)

날생강 1개(엄지 크기)

터메릭 가루 1작은술

코리앤더 가루 1작은술

태국 피시 소스 2큰술

정제 백설탕 2큰술

커민 가루 1½작은술

코코넛 크림 또는 코코넛 밀크 4큰술

굵은 풋고추 1개

양파 1개

마늘 2쪽

레몬그라스 1대

식물성 오일 또는 해바라기씨 오일 2큰술

크런치 땅콩버터● 4큰술(수북히)

생고수 1줌, 곁들임용

나무 또는 철제 꼬치 20개

● 잘게 다진 땅콩이 섞인 땅콩버터.

200

1

닭 가슴살은 각각 길게 5등분한다.

2

생강을 곱게 갈아서 큰 볼에 담는다. 터메릭,
코리앤더 가루, 피시 소스 1큰술, 설탕 1큰술, 커민
1작은술, 코코넛 크림 또는 코코넛 밀크 1큰술을
더해 섞는다. 닭고기를 넣고 버무려서 덮개를
씌운 다음 실온에서 30분 또는 냉장고에서
24시간까지 재운다.

코코넛 크림

코코넛 크림은 코코넛 밀크보다 크리미하고
농도가 되직하다. 전지유 우유 위로 크림이
고이듯이 코코넛 크림은 균질화 과정을 거치지
않은 코코넛 밀크 위로 올라와 뭉친다. 보통
코코넛 밀크보다 작은 통에 담아서 판매하는
편이라 남아서 버리는 등의 낭비가 덜하지만, 지방
함량이 낮은 코코넛 밀크로 손쉽게 대체할 수
있는 재료다.

2

3

나무 꼬치를 사용한다면 닭고기를 재우는 동안
찬물에 담가 불린다. 그러면 그릴에 구울 때 너무
많이 타지 않는다. 이어서 땅콩 소스를 만든다.
고추의 씨를 제거한 다음 아주 굵게 다진다. 양파,
마늘, 레몬그라스를 굵게 다진다. 푸드 프로세서
볼에 담고 남은 커민, 설탕, 오일 1큰술, 물
2큰술을 더한다.

3

4

곱게 갈아 매끄러운 페이스트를 만든다. 팬에 남은 오일을 붓고 달군 다음 페이스트를 넣고 향이 올라올 때까지 강한 불에 4분간 볶는다. 계속 휘저으며 골고루 익힌다.

5

팬에 땅콩버터와 물 100ml를 넣고 섞는다. 소스를 끓이면 빠르게 걸쭉해진다. 남은 피시 소스로 간을 한다. 닭고기를 익히는 동안 따로 보관한다. 농도가 너무 걸쭉하면 뜨거운 물을 살짝 섞는다.

6

충분히 재운 닭고기는 꼬치에 끼운다. 큰 베이킹 시트에 서로 충분히 간격을 두고 꼬치를 얹는다. 브로일러를 강한 불에 예열한다.

7

닭고기를 중간에 한 번 뒤집으면서 노릇하고 다 익을 때까지 그릴에 7분간 굽는다. 굽는 동안 남은 코코넛 크림 또는 밀크를 닭고기 위에 조금씩 바른다. 완성한 꼬치에 여분의 코코넛 크림이나 밀크를 두르고 고수 잎을 뿌린 다음 찍어 먹을 땅콩 소스를 곁들여 낸다.

미리 만들기
소스는 닭고기를 재우는 동안 미리 만들어 보관할 수 있다. 덮개를 씌워 냉장고에 보관하다가 먹기 전에 팬에 넣은 다음 물을 약간 더해 걸쭉해진 농도를 조절하며 천천히 데운다.

닭고기 티카 &
라이타 상추 컵

준비 시간: 20분 + 재우기 30분
조리 시간: 15분
6인분

살짝 매콤하고 산뜻한 건강 간식을 인도식 만찬에 멋진 전채 삼아 내 보자. 큼직한 닭고기나 양꼬치를 마리네이드에 재운 다음 꼬챙이에 끼워 케밥을 만들어 바비큐를 해도 좋다. 곁들여 내기에 제격인 라이타는 오이와 요구르트로 만든 딥이다.

마늘 3쪽
날생강 1개(엄지 크기)
가람 마살라 ½작은술
칠리 파우더 ¼~½작은술(원하는 매운 정도에
　따라)
터메릭 가루 ½작은술
천일염 플레이크 1작은술
토마토 퓌레 1큰술
라임 1개
그리스식 요구르트 500g
닭 허벅지살 6개 또는 총 약 600g
적양파 1개
오이 ½개
생민트 또는 고수 1단(소)
리틀 젬 상추 2통
소금과 후추

1

마늘은 으깨고 생강은 곱게 다져 큰 볼에
담는다. 향신료와 소금, 토마토 퓌레를 더한다.
라임 즙을 짜서 요구르트 200g과 함께 볼에
넣는다.

2

잘 섞어 마리네이드를 만든다. 닭고기를 한 입
크기로 썰어 마리네이드에 버무린다. 실온에서
최소한 30분 또는 냉장고에서 4시간 동안
재운다.

3

그동안 라이타를 만든다. 양파는 곱게 다진다.
오이는 껍질을 벗기고 씨를 제거한 다음(79쪽
참조) 굵게 간다. 민트 또는 고수 잎은 굵게
다진다. 손질한 재료를 남은 요구르트 300g에
골고루 버무린다. 소금과 후추로 간을 한다.
라이타는 수 시간 전에 미리 만들어 필요할
때까지 냉장 보관할 수 있다.

4

닭고기를 재우는 동안 브로일러를 강한
불에 예열하고 큰 베이킹 트레이에 알루미늄
포일을 깔거나 그릴 팬을 준비한다. 닭고기를
마리네이드에서 건지고 트레이 또는 그릴 팬에
간격을 넉넉히 두고 얹는다.

5

브로일러에서 중간에 한 번 뒤집으면서
닭고기가 노릇하고 군데군데 거뭇하게
그을리며 잘 익을 때까지 15분간 굽는다.
취향에 따라 굽는 동안 남은 마리네이드를
닭고기 위에 고루 바른다. 상추를 접시에
담는다. 라이타를 상추 잎마다 조금씩 담고
닭고기를 한 덩어리씩 올린다. 바로 먹는다.

파타타스 브라바스(매콤한 감자)
와 초리소

준비 시간: 20분
조리 시간: 40분
6인분

감자에 토마토 소스를 뿌린 고전 타파스
메뉴에 바삭하게 구운 초리소 소시지로 맛을
더했다. 올리브와 소금을 친 아몬드, 맛있는
빵을 곁들여 스페인식 만찬을 열어 보자.

감자(남작이나 두백 품종) 1.5kg
마일드 올리브 오일 3큰술
초리소 250g(209쪽 설명 참조)
마늘 3쪽
생타임 줄기 2개
훈제 또는 일반 파프리카 가루 ½작은술
드라이 셰리주 2큰술(선택 사항)
통조림 다진 토마토 1통(400g 들이)
생이탈리안 파슬리 1줌
올리브(스페인산 추천) 200g
가염 아몬드 200g
소금과 후추
껍질이 바삭한 빵, 곁들임용(선택 사항)

1

오븐을 200℃로 예열한다. 감자는 껍질을 벗기고 가로세로 약 3cm 크기로 큼직하게 깍둑 썬다. 큰 로스팅 팬이나 베이킹 트레이에 감자를 담고 오일 1큰술을 두른 다음 소금과 후추로 간을 해 골고루 버무린다. 40분간 굽는다.

2

그동안 소스를 만든다. 초리소를 굵게 송송 썬다. 큰 프라이팬을 중간 불에 달구고 남은 오일을 붓는다. 30초간 가열한 다음 초리소를 넣는다. 가끔 뒤적이며 초리소가 노릇해지고 붉은 기름이 잔뜩 배어나올 때까지 약 5분간 볶는다. 그동안 마늘을 얇게 저민다. 초리소를 팬에서 덜어내 따로 둔다.

초리소

초리소는 파프리카와 마늘로 맛을 낸 매콤한 스페인산 소시지다. 두 가지 종류가 있는데, 일반 소시지처럼 부드러운 요리용 초리소와 단단하고 건조해 살라미처럼 날로 먹는 건식 초리소다. 이 요리에는 두 종류 다 사용할 수 있지만 가능하면 요리용 초리소를 고르자.

3

팬을 다시 중약 불에 올리고 타임을 잎만 훑어내서 저민 마늘과 함께 넣는다. 마늘이 부드러워질 때까지 1분간 익힌다.

4

팬에 타임과 파프리카 가루를 넣고 1분간 익힌 다음 (만약 사용한다면) 셰리주를 토마토와 함께 넣는다. 소스가 살짝 걸쭉해 질 때까지 10분간 뭉근하게 익힌다. 소금과 후추로 간을 한다.

5

40분 후면 감자가 바삭하고 노릇하게 익었을 것이다. 감자와 초리소, 매콤한 소스를 다같이 골고루 버무린다. 파슬리 잎을 굵게 다져 뿌린다.

6

파타타스 브라바스에 빵, 올리브, 아몬드를 곁들여 낸다.

속을 채운 포테이토 스킨과
사워크림 딥

준비 시간: 1시간 30분

조리 시간: 20분

6인분

식탁에 내놓자마자 게눈 감추듯 사라지는
요리다. 취향에 따라 블루 치즈 대신 체다
치즈를 사용해도 좋다.

식물성 오일 또는 해바라기씨 오일 2큰술

구이용 감자 6개(대, 각 225~250g)

천일염 플레이크 1작은술

얇은 염장 건조 줄무늬 베이컨 6장

사워크림 200ml

생골파 1줌

쪽파 1단

블루 치즈(종류 무관) 150g

소금과 후추

1

오븐을 200℃로 예열한다. 감자에 오일 1작은술을 골고루 바른 다음 큰 베이킹 트레이에 담는다. 소금을 뿌린다. 감자가 노릇하고 바삭해질 때까지 1시간 30분간 굽는다. 중간에 감자를 한 번 뒤집는다.

2

기다리는 동안 베이컨을 잘게 썬다. 프라이팬을 중간 불에 올리고 오일 2작은술을 두른다. 30초간 가열한 다음 베이컨을 넣는다. 자주 뒤적이며 베이컨에서 기름이 배어 나오고 노릇하며 바삭해질 때까지 10분간 볶는다. 종이 행주에 올려서 여분의 기름기를 제거한다.

3

딥을 만든다. 볼에 사워크림을 담고 골파를 주방 가위로 잘라 넣은 다음 섞는다. 소금과 후추로 간을 해서 먹기 전까지 냉장고에 차갑게 보관한다.

4

감자가 다 익으면 만질 수 있을 정도로 식힌다. 감자를 반으로 자른다. 숟가락으로 감자 안쪽의 부드럽고 포슬포슬한 살점을 껍질을 기준으로 약 1cm 두께만 남기고 전부 긁어낸다. 모양이 잡힌 포테이토 스킨을 각각 길게 반으로 자른다.

남은 감자 활용법
포테이토 스킨 안쪽의 파낸 살점은 으깨서 냉장고에 넣어 두었다가 다른 요리에 사용한다.

5

포테이토 스킨을 베이킹 트레이에 껍질이
아래로 가도록 담는다. 조리용 솔로 남은 오일을
바른다. 오븐에서 노릇하고 바삭해질 때까지
15분간 굽는다. 그동안 쪽파를 곱게 다지고
치즈를 잘게 자르거나 으깬다.

6

포테이토 스킨이 완성되면 오븐을 끄고
브로일러를 강한 불로 예열한다. 치즈와 쪽파를
포테이토 스킨에 뿌리고 베이컨을 약간 뿌린다.

7

포테이토 스킨을 치즈가 녹아서 보글보글 끓을
때까지 5분간 브로일러에 굽는다. 골파 딥과
함께 낸다.

미리 만들기
감자는 하루 전에 구워서 안쪽 살점을 파내고
바삭하게 구워 둘 수 있다. 딥은 미리 섞어
차갑게 보관해도 좋다. 내기 전에 포테이토
스킨을 뜨거운 브로일러에 2~3분간 데운
다음, 치즈와 쪽파를 뿌려서 위 과정을 따라
마무리한다.

칠리 콘 카르네와 구운 감자

준비 시간: 30분
조리 시간: 1시간 30분
6인분

날씨가 추워질수록 따뜻하고 포근한 음식이
그리워지고, 칠리 콘 카르네에 저절로 마음을
기대게 된다. 취향에 따라 바삭하게 구운
감자나 밥에 얹어 먹는다. 바스마티 쌀을
완벽하게 조리하는 법은 145쪽을 참조하자.

양파 2개
마늘 2쪽
빨강 파프리카 2개
마일드 올리브 오일 1큰술, 여분 1작은술
다진 소고기(지방이 적은 부위) 500g
커민 가루 ½작은술
시나몬 가루 ½작은술
코리앤더 가루 ½작은술
칠리 파우더 1~2작은술(입맛에 따라 조절)
말린 혼합 허브 1작은술
레드 와인 100ml
통조림 다진 토마토 2통(각 400g 들이)
토마토 퓌레 2큰술
소고기 육수 200ml
구이용 감자 6개(대)
천일염 플레이크 1작은술
통조림 강낭콩, 물기를 뺀 것 1통(400g들이)
　　분량
다크 초콜릿 1개(2.5cm 크기로 깍둑 썬 것)
소금과 후추
생고수 1줌, 곁들임용
부드러운 플레인 요구르트 또는 사워크림,
　　곁들임용

1

양파와 마늘은 다지거나 저미고 파프리카는 씨를 제거한 다음 굵게 채 썬다. 큰 프라이팬 또는 직화 가능한 캐서롤 냄비를 약한 불에 올린다. 오일 1큰술을 두르고 손질한 채소 재료를 넣는다.

2

채소가 부드러워질 때까지 10분간 천천히 익힌다. 접시에 옮겨 담고 팬을 종이 행주로 닦는다.

3

불 세기를 강하게 높이고 다진 소고기를 넣는다. 국물이 흥건하지 않고 지글거리면서 익는 상태가 되어야 한다. 볶으면서 나무 주걱으로 뭉친 부분을 잘게 부순다.

4

10분 후면 다진 고기가 분홍색에서 회색이 되었다가 노릇하게 갈색을 띨 것이다. 고기에서 수분이 먼저 빠져나오면 불 세기를 높여 증발시킨 후 고기를 마저 볶는다.

5

채소를 다시 팬에 담고 커민, 시나몬, 코리앤더, 칠리 파우더, 말린 허브를 더해 향이 올라올 때까지 2분간 볶는다.

6

와인, 토마토, 토마토 퓌레, 육수를 부어 잘 젓는다. 뚜껑을 반쯤 닫고 칠리를 1시간 30분간 뭉근하게 익힌다.

7

그동안 감자를 굽는다. 오븐을 200℃로 예열한다. 감자에 오일 1작은술을 바르고 큰 베이킹 트레이에 담는다. 천일염 플레이크를 뿌린다. 감자가 노릇하고 바삭해질 때까지 1시간 30분간 굽는다. 중간에 감자를 한 번 뒤집는다.

8

칠리를 1시간쯤 끓였을 때 콩을 넣어 섞는다. 내기 직전에 초콜릿을 넣고 녹인다. 소금과 후추로 간을 한다. 고수를 굵게 다진다.

칠리에 초콜릿을 넣는다고?
칠리 소스를 내기 직전에 작은 다크 초콜릿 한 조각을 넣어 그대로 녹이면 훨씬 농후하고 매끄러운 맛이 난다. 카카오 함량이 70% 정도로 높은 초콜릿을 고른다. 그보다 낮으면 소스에 넣기에는 단맛이 너무 강하다. 양을 늘리지도 말자. 작은 주사위 하나 정도면 충분하다.

9

구운 감자를 반으로 자르고 칠리를 끼얹어 낸다. 요구르트나 사워크림을 조금 얹고 고수를 뿌린다.

팬에 구운 생선과 살사 베르데

준비 시간: 15분
조리 시간: 30분
6인분

껍질은 바삭하고 살점은 부드러운 생선 구이에
생동감 넘치는 살사 베르데를 곁들이면 아주
간단하면서도 손님 초대용으로도 손색없는 저녁
식사를 완성할 수 있다. 모든 밑준비를 끝낸 후에
요리를 시작해야 한다는 점만 주의하면 생선을
과조리할 위험이 없는 레시피다. 농어, 도미, 대구
내지는 지속 가능한 어업으로 잡은 신선한 흰살
생선이라면 무엇이든 사용할 수 있다.

마늘 1쪽
안초비 필레(통조림), 물기를 뺀 것 3개
무왁스 레몬 1개
생이탈리안 파슬리 1단(소)
생바질 1단(소)
식초에 절인 케이퍼, 물기를 뺀 것 2큰술
엑스트라 버진 올리브 오일 3큰술
천일염 플레이크 1작은술
햇감자 1kg
생선 필레, 비늘을 제거하고 껍질은 남긴 것
　　6장(224쪽 설명 참조)
밀가루 2큰술
해바라기씨 오일 또는 식물성 오일 2큰술
버터 1큰술, 필요시 감자용 여분
소금과 후추

1
오븐을 140℃로 예열한다. 냄비에 감자를 삶을 물을 담고 소금을 더해 끓인다. 물을 끓이는 동안 살사 베르데를 만든다. 마늘과 안초비를 아주 굵게 다져 푸드 프로세서 볼에 담는다. 레몬은 제스트를 곱게 갈고 즙을 짜서 파슬리, 바질 잎, 케이퍼, 엑스트라 버진 올리브 오일과 함께 푸드 프로세서 볼에 담는다.

2
갈아서 입자가 살짝 굵고 밝은 녹색을 띠는 소스를 만든다. 하루 전에 만들어 덮개를 씌워 냉장고에 보관할 수 있다.

절구와 절굿공이 사용하기
살사 베르데는 전통적으로 진한 향을 낼 수 있도록 절구와 절굿공이를 이용해 안초비, 마늘, 케이퍼, 허브를 한데 으깨 만들었다. 절구가 있다면 전통 방식대로 만들어도 좋지만, 푸드 프로세서 쪽이 훨씬 빨리 완성된다.

3
끓는 물에 감자를 조심스럽게 넣고 20분간 삶는다. 칼로 하나 찔러 봐서 쉽게 들어가면 다 익은 것이다. 판단하기 힘들면 하나를 꺼내 잘라 먹어 보자.

4

감자가 다 익으면 생선을 손질한다. 종이 행주로
생선 필레를 두드려 물기를 제거하고 날카로운
칼로 껍질에 칼집을 세 군데씩 낸다. 접시에
밀가루를 담고 소금과 후추로 넉넉히 간을 한다.
생선에 밀가루를 얇게 뿌린 다음 따로 둔다.
밀가루는 맛있고 바삭한 켜를 이루면서 뜨거운
팬으로부터 섬세한 생선살을 보호하는 역할을
한다.

생선 필레 고르기
양질의 신선한 생선 필레는 겉으로 보나 만져
보나 단단해야 하며 비린내가 나지 않아야
한다. 날생선은 조리 당일에 구입하고, 냉동
생선은 미리 사 두었다가 필요할 때 냉장실에서
해동한다.

5

접시에 종이 행주를 깔아 준비한다. 들러붙음
방지 코팅 프라이팬을 중강 불에 올리고 절반
분량의 오일과 버터를 넣는다. 30초간 가열한
후 생선 필레 3장을 껍질 부분이 아래로
가도록 넣는다. 건드리지 말고 껍질이 노릇하고
바삭해지며 살점이 위쪽까지 거의 하얗게 변할
때까지 3분간 굽는다.

6

뒤집개로 생선을 조심스럽게 뒤집어 30초간
더 굽는다. 뒤집을 때 살점이 팬에 달라붙지
않아야 한다. 달라붙을 조짐이 보인다면 조금
더 굽는다. 다 익으면 자연스럽게 팬에서
떨어진다. 생선을 접시에 옮겨 담고 오븐에 넣어
따뜻하게 보관한다. 팬을 종이 행주로 닦고 남은
오일과 버터를 넣은 다음 남은 생선을 굽는다.

7

감자를 건져 취향에 따라 소량의 버터에
버무린다. 생선에 적당량의 살사 베르데와
감자를 곁들여 낸다.

파르미지아노 가지

준비 시간: 45분

조리 시간: 30분

6인분

팬에서 부드럽게 구운 다음 허브 향을 가미한
진한 소스를 켜켜이 바르면, 가지가 주연인
따스한 요리가 완성된다. 바삭한 치즈와 층마다
바른 소스 덕분에 진한 맛이 나며, 라자냐를
대체할 수 있는 멋진 채식 메뉴이기도 하다.

가지 4개(대, 약 1.5kg)

마일드 올리브 오일 약 100ml

마늘 2쪽

생오레가노 약간 또는 말린 오레가노 1작은술

토마토 퓌레 1큰술

통조림 다진 토마토 2통(각 400g 들이)

설탕 ¼작은술

생바질 1단(소)

질 좋은 흰 빵 2장(약 100g)

파르미지아노 치즈 80g

모차렐라 치즈 120g

소금과 후추

1

가지는 약 5mm 두께로 저민다. 조리용 솔로 각 가지 조각 위에 올리브 오일을 바른다.

2

큰 프라이팬을 중간 불에 달군다. 가지 여러 장을 오일을 바른 부분이 아래로 가도록 넣는다. 아랫부분이 노릇하고 부드러워질 때까지 5분간 굽는다. 솔로 가지 윗부분에 오일을 바르고 뒤집어 완전히 부드러워질 때까지 약 5분간 더 굽는다. 따로 덜고 남은 가지로 같은 과정을 반복한다.

3

가지를 굽는 동안 소스를 만들기 시작한다. 마늘을 얇게 저민다. 팬을 중간 불에 달구고 오일 2큰술을 둘러 마늘을 넣고 부드러워질 때까지 1분간 익힌다. 토마토 퓌레, 잘게 썬 토마토, 설탕, 절반 분량의 오레가노를 넣는다. 바질을 찢어 넣고 10분간 뭉근하게 익힌다. 소금과 후추로 간을 한다.

4

빵가루 토핑을 만든다. 빵의 가장자리를 자르고 속살만 찢어 푸드 프로세서 볼에 담는다. 파르미지아노 치즈를 곱게 갈아 절반 분량만 볼에 더한다. 남은 오레가노를 넣는다.

5

녹색 점이 군데군데 박힌 빵가루가 완성될
때까지 간다.

푸드 프로세서가 없다면
빵을 먼저 강판에 갈아 빵가루를 만든다. 허브를
곱게 다지고 빵가루, 파르미지아노 치즈와 함께
섞는다.

6

오븐을 180℃로 예열한다. 내열 그릇에 가지와
토마토 소스를 켜켜이 쌓으며 틈틈이 가지에
소금과 후추로 간을 한다.

7

모차렐라를 작게 다진다. 가지와 토마토 소스
위에 모차렐라와 파르미지아노 치즈를 뿌린
다음 빵가루를 더하고 오일을 둘러 마무리한다.

8

오븐에서 노릇하고 보글보글 끓을 때까지
30분간 굽는다. 오븐에서 꺼내 10분간 그대로
휴지한 다음 낸다.

미리 만들기
레시피 7번 과정까지 진행한 다음 덮개를 씌워
냉장고에서 2일간 차갑게 보관할 수 있다.
차가운 상태로 바로 조리할 때는 굽는 시간을
10분 늘리고 위에 알루미늄 포일을 씌워서 타지
않도록 한다.

코코뱅
(레드 와인에 익힌 닭고기 요리)

준비 시간: 1시간 10분

조리 시간: 55분

6인분

무려 24시간 전에 미리 만들어 두고 당일에는 손님과 신나게 놀 수 있는 아주 배려 깊은 요리다. 시간이 지날수록 뚜껑 아래 갇힌 풍미가 더 깊어지며 멋지게 어우러진다. 껍질을 제거한 닭을 사용해도 괜찮지만 노릇하게 지지는 시간을 약간 줄여야 하며, 따라서 소스의 농후한 맛이 조금 약해진다.

작은 양파 또는 샬롯 18개(약 500g)

양파 2개

셀러리 2대

당근 3개

얇은 줄무늬 베이컨 6개

마일드 올리브 오일 3큰술

마늘 2쪽

밀가루 50g + 1큰술

닭 허벅지살과 닭 다리 각 6개씩

버터 5큰술

풀 바디 레드 와인● 400ml

닭 육수 500ml

양송이와 밤버섯 등 모듬 버섯 300g

소금과 후추

● 가볍고 산뜻하기보다 타닌이 강하고 묵직한 느낌의 와인.

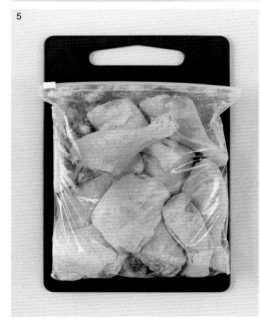

1

볼에 작은 양파나 샬롯을 담고 주전자에 물을 끓여 샬롯이 잠기도록 붓는다. 5분간 그대로 둔 후 걸러서 식힌다. 뿌리 부분을 자르고 껍질을 벗긴다.

2

큰 양파는 곱게 다지거나 저미고 셀러리는 얇게 저민다. 당근은 굵게 송송 썰고 베이컨은 한 입 크기로 썬다. 오븐 조리 가능한 큰 팬을 중간 불에 올리고 오일을 1큰술 두른다. 양파, 셀러리, 당근, 베이컨을 넣는다.

3

채소와 베이컨이 부드러워질 때까지 10분간 볶는다.

4

불 세기를 높이고 자주 저으며 골고루 노릇한 색을 띨 때까지 10분간 볶는다. 그동안 마늘을 으깨서 팬에 넣고 1분간 더 볶는다. 팬 내용물을 전부 볼에 옮긴다.

5

봉지에 밀가루 50g을 넣고 소금과 후추로 간을 한다. 닭고기를 넣고 봉한 다음 잘 흔들어 고기에 밀가루를 골고루 묻힌다.

6

팬에 버터 1큰술과 남은 오일 1큰술을 넣는다. ⅓ 분량의 닭고기를 넣고 중간에 한 번 뒤집으면서 노릇노릇하게 10분간 굽는다. 고기를 한 번에 너무 많이 넣으면 증기가 생기면서 닭고기를 굽는 대신 찌게 되므로 적당량씩 나누어 조리해야 한다. 처음 분량을 전부 노릇하게 굽고 나면 여분의 기름기를 따라내고 물을 조금 두른다. 팬 바닥에 눌어 붙은 부분을 긁어내 채소를 담은 볼에 붓는다. 이 즙에 풍미가 들어 있기 때문이다. 남은 닭고기를 같은 방식으로 노릇하게 굽는다.

7

모든 닭고기를 노릇하게 구웠다면 와인을 붓고
¼ 분량으로 줄어들 때까지 5분간 바글바글
끓인다.

8

닭고기, 채소, 즙을 다시 팬에 담고
육수를 붓는다. (닭고기에서 육즙이 조금
흘러나왔더라도 괜찮다.) 뚜껑을 반쯤 덮고
닭고기를 50분간 익힌다.

9

닭고기가 부드러워지면(한 조각을 꺼내서 잘라
보아 확인한다. 고기를 뼈에서 쉽게 발라낼 수
있어야 한다.) 그물 국자로 팬에서 닭고기와
채소를 건져 큰 볼에 담는다. 밀가루 1큰술과
버터 1큰술을 섞어 부드러운 페이스트를
만든다. 팬에 페이스트를 넣고 소스에서 윤기가
흐르고 살짝 걸쭉해질 때까지 5분간 뭉근하게
익힌다.

10

마지막으로 버섯을 볶는다. 너무 큰 버섯은
반으로 자른다. 프라이팬에 남은 버터를 녹여
거품이 일기 시작하면 버섯을 넣는다. 강한
불에 버섯이 노릇하고 적당히 부드러워질
때까지 2~3분간 볶는다. 소금과 후추로 간을
한다.

11

닭고기와 채소를 팬에 다시 조심스럽게 넣고
버섯을 위에 뿌려 낸다.

미리 만들기

미리 만든 코코뱅은 식혀서 2일간 차갑게
보관할 수 있다. 팬에 넣어 천천히 데운 다음
필요하면 여분의 육수나 레드 와인을 약간
두르고 살살 휘저어 소스 농도를 조절한다.
내기 직전에 버섯을 볶아 더한다.

부드러운 생선 파이

준비 시간: 1시간

조리 시간: 40분

6인분

격식을 차리지 않아도 되는 식사 모임에
제격인 생선 파이는 간단하지만 고급스러운
메뉴다. 다양한 생선을 기호에 따라 자유롭게
사용하고 딜을 이탈리안 파슬리로 바꾸거나,
원한다면 삶은 달걀을 더해 보자. 다만 훈제
해덕은 반드시 넣는 것이 좋다. 부드러운 훈연
향이 소스에 스며들어 요리 전체 맛의 중심을
잡는다. 가능하면 노랗게 착색되지 않은 훈제
해덕을 구입하자.

분질 감자(남작이나 두백 품종) 1.5kg

천일염 플레이크 1작은술

우유(전지유) 850ml

더블 크림 300ml

월계수 잎 1장

정향 4개

양파 1개

훈제 해덕 필레(가능하면 껍질째) 400g

두툼한 흰살 생선 필레(껍질째) 600g

버터 80g

밀가루 50g

너트메그(통) 1개, 갈아서 쓸 것

생딜 1단(소)

껍데기를 제거한 생새우 200g(대)

파르미지아노 치즈 25g

소금과 후추

1

감자는 껍질을 벗기고 4등분한다. 큰 팬에
담고 찬물을 잠길 만큼만 부어 소금을 더하고
한소끔 끓인다. 일단 물이 끓으면 불 세기를
낮추고 감자가 부드러워질 때까지 15분간
뭉근하게 익힌다.

2

그동안 부드러운 소스를 만들기 시작한다.
프라이팬에 우유 600ml와 크림 전량을 넣고
월계수 잎과 정향을 더한다. 양파를 4등분해서
팬에 더한다. 약한 불에 올리고 한소끔 끓인다.

3

일단 작은 기포가 올라오기 시작하면 우유에
생선 필레를 껍질 부분이 아래로 가도록 집어
넣는다. 뚜껑을 닫고 생선살의 색이 바뀌고
결대로 잘 부서질 때까지 5분간 아주 잔잔하게
익힌다. 생선을 조심스럽게 팬에서 들어내
접시에 담는다. 불에서 내리고 우유와 향신료를
그대로 10분간 두어 향을 우려 낸다.

생선을 껍질째 쓰는 이유는?
이 레시피에는 생선을 껍질째 사용하는 것이
좋다. 우유에 익힐 때 과조리되지 않고 한
조각으로 모양을 유지해 나중에 적당한 크기로
찢기 좋기 때문이다.

4

감자를 채반에 밭친다. 빈 감자 팬에 버터
25g과 남은 우유를 넣고 중간 불에 올려
우유가 끓고 버터가 녹을 때까지 데운다. 삶은
감자를 넣고 불에서 내린다.

5

감자 으깨개나 포테이토 라이서로 감자를
으깬다. 감자는 뜨거울 때 으깨야 맛있고
포슬포슬해지므로 바로 으깨야 한다. 소금과
후추로 간을 한다.

6

다른 팬을 중간 불에 달구고 밀가루와 남은
버터를 넣는다. 버터가 녹으면 밀가루가
노릇해지기 시작할 때까지 2분간 휘저으며
익힌다. 불에서 내린다.

7

향이 우러난 우유를 체에 걸러 그릇에 담은 다음
밀가루 버터 혼합물에 천천히 부으며 휘젓는다.
처음에는 뻑뻑하지만 계속 휘저으면 유화되면서
매끄러운 소스가 된다. 팬을 다시 불에 올리고
소스가 걸쭉해질 때까지 휘젓는다.

8

소금과 후추, 약 ¼작은술 분량의 곱게 간
너트메그로 넉넉히 간을 한다. 섬세한 딜 송이를
다져 소스에 섞어 넣는다.

9

오븐을 180℃로 예열한다. 생선은 껍질을
제거하고 결대로 큼직하게 찢어 내열용 큰
그릇에 담는다. 뼈는 모조리 제거한다. 새우는
종이 행주로 두드려 물기를 제거한 다음 그릇에
골고루 뿌린다.

10

생선 위에 부드러운 소스를 덮는다. 으깬 감자를
몇 큰술 덜어 얹은 다음 포크 뒷부분으로 모양을
내면서 매끄럽게 다듬어 골고루 덮이게 한다.
파르미지아노 치즈를 곱게 갈아 위에 뿌린다.
파이는 이 단계에서 2일간 차갑게 보관할 수
있다.

11

파이를 윗부분이 노릇해지고 가장자리의
소스가 보글거릴 때까지 40분간 굽는다. 10분간
그대로 두어 자리를 잡은 다음 낸다.

삶은 달걀(완숙)을 넣고 싶다면?
생선 파이에 달걀을 넣고 싶다면 찬물을 담은
냄비에 달걀 3개(중)를 넣고 한소끔 끓인다. 8분
후에 꺼내 식힌 다음 껍질을 까서 4등분한다.
9번 과정에 파이에 넣는다.

양고기 감자 커리와
향긋한 밥

준비 시간: 1시간
조리 시간: 2시간 30분
6인분

여느 스튜처럼 걸쭉한 양고기 감자 커리도 하루
묵힌 다음 다시 데우면 맛이 더욱 좋아진다. 밤새
차갑게 보관한 다음 이튿날에 천천히 데우기만
하면 모든 준비가 끝난다. 향기를 솔솔 풍기는
밥을 한 그릇 곁들이기만 하면 된다. 진짜 인도식
만찬을 차리고 싶다면 첫 코스로 닭고기 티카 &
라이타 상추 컵(204쪽 참조)을 내 보자.

양파 3개
마늘 4쪽
식물성 오일 2큰술
버터 50g
천일염 플레이크 1작은술
굵은 풋고추 1개
생고수 1단(소)
날생강 1개(대) 또는 3개(엄지 크기)
터메릭 가루 2작은술
커민 가루 2작은술
코리앤더 가루 2작은술
검은 후추 간 것 ½작은술
뼈를 제거한 양 어깨살, 여분의 지방을 제거하고
　　깍둑 썬 것(정육점에 부탁하자.) 1kg
토마토 퓌레 2큰술
통조림 다진 토마토 1통(400g 들이)
감자 2개(중, 약 250g)

바스마티 밥 재료
흰 바스마티 쌀 350g
카다몸 깍지 6~7개
시나몬 스틱 2개

1

오븐을 160℃로 예열한다. 양파와 마늘을 얇게 저민다. 오븐 조리가 가능한 속이 깊고 넓은 냄비를 약한 불에 올린다. 30초 후에 식물성 오일과 절반 분량의 버터를 넣는다. 버터에서 거품이 일면 ⅔ 분량의 양파와 마늘 전량, 소금 ½작은술을 넣는다. 가끔 뒤적이며 양파가 부드럽고 살짝 노릇해지기 시작할 때까지 10분간 천천히 익힌다.

2

그동안 고추는 씨를 제거해 곱게 다지고 생고수 줄기도 곱게 다진다. 생강은 곱게 간다. 냄비에 고추, 고수 줄기, 생강과 함께 터메릭, 커민, 코리앤더, 검은 후추를 넣은 후 불 세기를 살짝 높이고 휘저으며 노릇하고 향긋해질 때까지 3분간 익힌다. 향신료가 타지 않도록 주의한다.

3

양고기를 넣고 향신료와 함께 잘 버무린다. 가끔 뒤적이며 양고기에 골고루 색이 날 때까지 5분간 익힌다. 노릇하게 지질 필요는 없다.

4

토마토 퓌레, 다진 토마토, 물 150ml를 넣고 섞는다.

5

냄비 뚜껑을 반쯤 닫아 김이 빠져나가도록 한다. 예열한 오븐에 냄비를 넣고 2시간 30분간 익힌다. 뚜껑을 살짝만 열어 두면 소스가 마르지 않고 천천히 졸아드는 효과가 있다. 커리가 익는 동안 감자 껍질을 벗기고 굵직하게 썬다. 커리를 반 정도 조리한 후 감자를 더해 섞은 다음 마저 익힌다.

6

조리 시간이 약 45분 남았을 때 밥을 하기
시작한다. 큰 냄비를 중간 불에 달구고 남은
버터를 넣는다. 버터에서 거품이 일기 시작하면
남은 양파를 넣는다. 자주 저으며 양파가
노릇하고 부드러워질 때까지 15분간 익힌다.

7

양파가 익는 동안 쌀을 씻는다. 쌀을 체에 담고
흐르는 찬물에 씻는다. 맑은 물이 나올 때까지
씻어야 한다. 그대로 두어 물기를 뺀다.

8

양파에 카다몸 깍지와 시나몬 스틱을 넣어
섞은 다음 물기를 뺀 쌀을 넣는다. 모든
재료를 버터에 골고루 버무리듯이 섞는다.
찬물 700ml(또는 쌀이 손끝 깊이만큼 잠길
정도로)를 붓고 소금 ½작은술을 더한다.

9

한소끔 끓으면 한 번 저은 후 뚜껑을 닫아
중간 불에 10분간 익힌다. 팬을 불에서 내리고
뚜껑을 닫은 채로 15분간 뜸을 들인다. 쌀이
물을 모두 흡수하고 익은 상태여야 한다.
살짝 덜 익었다면 물을 조금 넣고 뚜껑을 닫은
후 약한 불에 올려 5분 더 익힌 다음 불에서
내리고 5분간 뜸을 들인다.

10

밥을 포크로 살살 풀어 낱알을 서로 분리한
다음 내기 전까지 팬 뚜껑을 닫아 둔다.

11

커리의 표면에 올라온 기름기를 전부 제거하고
소금과 후추로 간을 해서 조리를 마무리한다.
고수 잎을 굵게 다져 일부를 커리에 넣고
섞는다. 위에 남은 고수 잎을 뿌리고 바스마티
밥과 함께 낸다.

치즈 양파 타르트

준비 시간: 1시간 10분 + 차갑게 굳히기 50분
조리 시간: 30분
8~10인분(10조각 분량)

탱글탱글 흔들리는 섬세한 필링이 가득 담긴
수제 타르트는 만들고 먹으며 순수한 즐거움을
느낄 수 있는 메뉴로, 틀에 담은 채로 이동할 수
있어 점심 식사나 뷔페 및 소풍에 가져가기 좋다.
페이스트리를 손수 만들기 어려우면 대신 시판
쇼트크러스트 페이스트리를 사용한다. 키슈
로렌을 만들고 싶다면 244쪽 설명을 참조하자.

달걀 4개(중)
밀가루 175g, 덧가루용 여분
천일염 플레이크 ¼작은술
차가운 무염 버터 120g
보통 양파 또는 스페인 양파● 3개(대)
마일드 올리브 오일 1큰술
그뤼에르 또는 체다 치즈 150g
더블 크림 300ml
우유 100ml
소금과 후추

● 흔하게 구할 수 있는 껍질이 노랗고 둥근 양파.

1

먼저 페이스트리를 만든다. 달걀 1개의
노른자와 흰자를 분리한다. 작은 볼의
가장자리에 껍질을 톡톡 두드려서 금을 낸다.
금을 따라 최대한 깔끔하게 달걀 껍데기를
반으로 쪼개면서 한쪽 껍질로 노른자를 기울여
담는다. 흰자는 아래쪽 볼에 자연스럽게
흘러내리도록 한다. 다른 작은 볼에 노른자를
담는다.

2

노른자 볼에 얼음물 2큰술을 넣고 포크로 잘
푼다. 큰 볼에 밀가루를 담고 소금을 더한다.
버터 100g을 깍둑 썰어 밀가루 볼에 골고루
뿌리듯이 담는다.

3

밀가루와 버터를 잘 비벼 섞는다. 양손으로
버터와 밀가루를 볼에서 들어내 엄지와 나머지
손가락 사이로 부드럽게 비빈다. 이 과정을
반복하면 버터가 서서히 밀가루와 섞이기
시작한다. 혼합물을 들어올리면 온도를
차갑게 유지하면서 공기를 섞어 넣을 수 있다.
결과물이 빵가루 같은 상태가 되어야 한다.

푸드 프로세서로 페이스트리 만들기
푸드 프로세서를 선호한다면 버터와 밀가루가
섞여 고운 빵가루처럼 보이면서 버터가 뭉친
곳이 없을 때까지 약 10초간 돌린다. 달걀
혼합물을 붓고 반죽이 한 덩어리로 뭉칠 때까지
여러 번 짧은 간격으로 돌린다.

4

노른자 혼합물을 볼에 붓고 식사용 칼로 빠르게
섞어 거친 반죽을 만든다.

5

반죽 덩어리를 작업대에 올리고 가장자리에
갈라진 부분은 손으로 꼬집고 단단하게 눌러
전체적으로 매끈하고 평평한 원반 모양으로
빚는다. 랩으로 싸서 냉장고에 넣고 단단하지만
딱딱하지 않을 정도로 최소한 30분간 차갑게
식힌다.

6

페이스트리를 차갑게 식히는 동안 필링을
만든다. 양파를 얇게 채 썬다. 프라이팬을
약한 불에 올리고 남은 버터와 오일을 넣는다.
버터에서 거품이 일기 시작하면 양파를 넣는다.

7

양파가 부드러워질 때까지 10분간 익힌 다음 불
세기를 조금 높여서 살짝 노릇해지도록 10분 더
익힌다. 양파를 자주 뒤적여서 바닥에 달라붙지
않도록 한다. 그동안 남은 달걀을 깨서 큰
그릇에 담고 포크로 푼다. 치즈를 간다. 크림,
우유, 치즈 120g을 달걀 물에 더한 다음 소금과
후추로 간을 한다.

키슈 로렌● 만들기
타르트를 키슈 로렌으로 만들고 싶다면 얇은
베이컨 6장을 잘게 썰어 노릇하게 익힌 다음
치즈와 함께 필링에 더한다. 또는 익힌 햄
4장(대)를 찢어 사용한다.

● 프랑스 로렌 지방의 전통 요리로 베이컨(라르동)과 크림
   등으로 만든 필링을 넣어 구운 키슈의 일종.

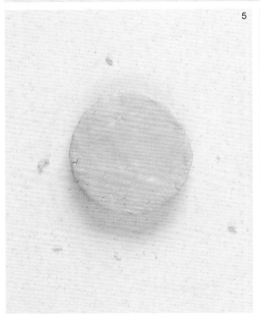

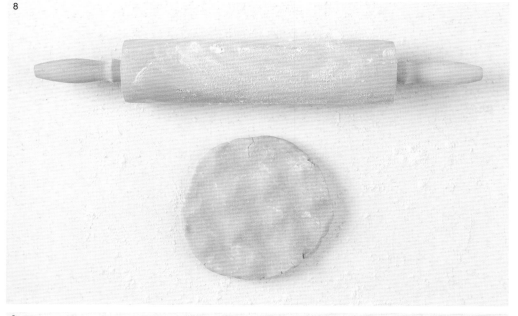

8

작업대와 밀대에 덧가루를 뿌린다. 지름
23cm의 바닥이 분리되는 물결 모양 원형
타르트 틀을 준비한다. 밀대로 페이스트리를
같은 간격으로 가볍게 눌러 홈을 판 다음
직각으로 돌려 다시 같은 간격으로 가볍게
누른다. 페이스트리가 약 1cm 두께가 될
때까지 같은 과정을 반복한다. 그러면
페이스트리가 질겨지지 않도록 펼 수 있다.

9

이제 페이스트리를 민다. 밀대를 한 방향으로만
움직이면서, 몇 번 밀고 나면 페이스트리를
직각으로 돌리기를 반복해 약 3mm 두께로
민다. 밀대를 이용해서 페이스트리를 틀 위에
옮긴다.

10

페이스트리를 조심스럽게 팬 위에 펼친
다음 손끝과 관절을 이용해서 물결 모양의
가장자리에 가볍게 눌러 붙인다.

반죽이 찢어지면?
반죽이 찢어지거나 작게 구멍이 나도 당황하지
말자. 여러분의 반죽을 약간 뜯어내 적신 다음,
눌러 붙여 구멍을 메우면 된다.

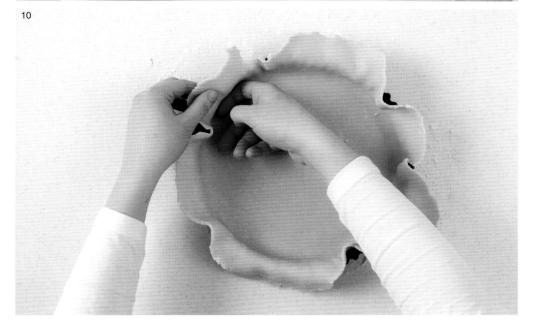

11

페이스트리 윗부분을 가위로 다듬어 틀
가장자리에 늘어지지 않도록 한다. 베이킹
시트에 옮기고 냉장고에 넣어 20분간 차갑게
식혀 단단하게 굳힌다. 오븐 선반을 가운데로
옮기고 200℃로 예열한다.

12

황산지● 1장을 틀을 완전히 덮을 정도로
큼직하게 뜯어 페이스트리에 걸치듯이
얹는다. 가장자리를 구겨 모양을 잡은 다음
페이스트리를 완전히 덮는다. 황산지 안에
누름돌을 한 켜 깔고 가장자리에는 약간 더
쌓은 다음 페이스트리를 시트에 얹은 채로
오븐에 넣어 15분간 굽는다.

누름돌

누름돌은 사실 작은 구슬 모양의 도자기로
페이스트리를 굽는 동안 반죽을 눌러 모양을
유지하도록 만드는 역할을 한다. 도자기 구슬이
제일 효과적이지만, 말린 병아리콩이나 쌀로
대체할 수 있다. 콩이나 쌀은 한 번 쓰고 나면
식혀서 누름돌 용도로만 재사용할 수 있다.

13

종이와 누름돌을 제거한다. 페이스트리는
옅은 색을 띠지만 만지면 마르게 느껴지고
가장자리는 노릇한 상태여야 한다. 다시 오븐에
넣고 바닥이 갈색을 띨 때까지 10분 더 굽는다.
오븐에서 꺼낸다. 오븐 온도를 160℃로 낮춘다.

14

양파를 타르트 바닥에 뿌리고 크리미한 필링을
붓는다. 치즈가 골고루 퍼지도록 한다. 남은
치즈를 위에 뿌린다.

15

필링이 굳어 가운데만 살짝 흔들릴 때까지
30분간 굽는다. 식힌 다음 타르트를 틀에서
꺼내 조각으로 잘라서 낸다.

● 황산 용액 등으로 화학 처리를 거친 종이. 얇고 반투명하며
　물과 기름이 잘 배지 않아 제과와 요리에 두루 쓰인다.

라자냐

준비 시간: 30분

조리 시간: 40분

6인분

라자냐는 마음을 따뜻하게 녹이는 편안한 음식
중에서도 최고의 존재다. 딱 알맞을 정도로
진한 소스를 가미한 전통 라자냐 레시피를
소개한다.

우유 600ml

버터 50g

밀가루 50g

파르미지아노 치즈 100g

너트메그(통), 갈아서 쓸 것 1개(선택 사항)

모차렐라 치즈 120g

볼로네제 소스(262쪽 참조) 1회 분량

라자냐 또는 라자냐 베르데● 약 250g(약
   9장. 그릇과 라자냐 크기에 따라 개수가
   달라진다.)

소금과 후추

● 시금치 등 천연 재료로 초록색을 낸 라자냐 시트.

1
치즈 소스를 만든다. 중형 냄비에 우유와
버터를 담는다. 밀가루를 체에 쳐서 넣고
냄비를 중간 불에 올린다. 소스가 한소끔
끓어 걸쭉하고 매끄러워질 때까지 거품기로
약 5분간 휘젓는다. 모든 재료를 냄비에 넣고
한꺼번에 조리해 화이트 소스를 빠르고 손쉽게
만들 수 있는 방식이다. 소스가 덩어리지면
체에 내려 다른 팬에 옮긴 다음 걸쭉해질
때까지 휘젓는다.

2
파르미지아노 치즈는 갈고 (만약 사용한다면)
너트메그는 ¼작은술 분량을 곱게 간다.
⅔ 분량의 파르미지아노 치즈를 소스에 넣는다.
소스에 소금과 후추, 너트메그로 간을 한다.
모차렐라 치즈는 잘게 찢어 따로 담아 둔다.

모차렐라 치즈 요리하기
요리에는 중간 정도 가격대의 모차렐라 치즈를
사용한다. 너무 저렴한 치즈는 질감이 고무
같고, 최상급 물소젖 모차렐라는 샐러드에
쓰거나 그냥 먹는 편이 더 좋다.

3

오븐을 180℃로 예열한다. 라자냐를 큰 도자기 그릇에 쌓기 시작한다. 먼저 볼로네제 소스를 한 켜 깐 다음 치즈 소스를 약간 떠 담는다.

4

라자냐 파스타를 한 켜 깔면서 그릇보다 큰 부분은 잘라 낸다. 다시 볼로네제 소스, 치즈 소스, 라자냐 파스타를 순서대로 켜켜이 쌓는다. 마지막 켜는 치즈 소스가 되어야 한다. 그릇 전체를 완전히 덮기에 충분한 만큼의 분량을 미리 남겨 놓는다.

적당한 라자냐 고르기
여기에는 미리 물에 삶지 않아도 되는 건조 파스타를 사용한다. 잘 모르겠다면 상자 뒤쪽 안내문을 읽어 보자.

5

남은 파르미지아노와 모차렐라 치즈를 라자냐 위에 뿌린다.

6

라자냐가 노릇하고 보글거릴 때까지 40분간 굽는다. 가운데를 꼬치나 날카로운 소형 칼로 찔러 다 익었는지 확인한다. 걸리지 않고 쏙 들어가면 완성된 것이다. 아직 저항감이 있는데 겉은 이미 노릇하다면 알루미늄 포일로 덮어 다시 10분간 굽는다. 라자냐를 10분간 그대로 두어 자리를 잡은 다음 낸다.

미리 만들기
라자냐는 굽기 전까지 냉동 보관하거나 (볼로네제 소스를 이미 한 번 냉동한 상태가 아니라면) 또는 3일까지 차갑게 보관할 수 있으므로 미리 만들어 두기 아주 좋은 음식이다. 냉동 시에는 조리하기 전날에 냉장실에 옮겨서 천천히 해동한다. 오븐 조리 시간을 10분 늘리고 윗면이 빠르게 노릇해지면 알루미늄 포일을 덮는다.

로스트 치킨과
레몬 서양 대파 스터핑

준비 시간: 1시간

조리 시간: 1시간 50분

4~6인분

바삭한 공 모양 스터핑●과 진한 그레이비를
곁들여 잘 구운 로스트 치킨에 비견될 음식은
없다. 감자 로스트(306쪽 참조)와 글레이즈를
입힌 당근(314쪽 참조) 한 그릇을 곁들여 전통
영국식 저녁을 차려 보자. 칠면조에도 간단하게
적용할 수 있는 레시피이니 만들어 보고 싶다면
256쪽 설명을 참조한다.

자연 방사 닭 1마리(대, 약 1.8kg)

무왁스 레몬 2개

마늘 1통

생타임 줄기 적당량

버터 1큰술

양파 2개

엑스트라 버진 올리브 오일 3큰술, 조리용 여분

가느다란 서양 대파●● 2대

껍질을 잘라낸 흰 빵 150g(약 5장)

생이탈리안 파슬리 또는 컬리 파슬리 1줌

생세이지 1줌

달걀 1개(중)

얇은 염장 건조 훈제 줄무늬 베이컨 6장

밀가루 1큰술

드라이 화이트 와인 100ml

닭 육수 300ml

소금과 후추

● 가금류나 채소 등 식재료의 빈 공간에 채워 익히는
   혼합물을 뜻하며, 특히 가금류를 통째로 요리할 때 자주
   곁들인다. 속을 채운 음식이라는 뜻이지만, 칠면조 등 큰
   가금류의 배 속에 넣으면 미처 다 익히지 못하고 살모넬라
   균에 노출될 위험이 있으므로 미국 농무성은 스터핑을
   칠면조와 따로 조리하라고 권고하기도 한다. 즉, 이
   책의 레시피처럼 같은 혼합물을 따로 익힌 것도 여전히
   스터핑이라고 부른다.

● ● 우리가 먹는 대파와 비슷하게 생겼으나 줄기가 더 굵고
      단맛이 강하다. 대파로 대체할 수 있다.

1

오븐을 200℃로 예열한다. 닭에 고무줄이 매여 있다면 잘라서 버린다. 닭을 바닥이 묵직한 로스팅 팬에 꽉 들어차도록 앉힌다. 레몬 제스트를 곱게 갈아 따로 둔다. 레몬 1개를 반으로 잘라서 한 조각을 닭 배 속(다리 사이의 텅 빈 공간)에 집어 넣는다. 통마늘을 가로로 반 자른다. 절반 분량의 마늘과 타임 줄기 두어 개를 닭 배 속에 넣는다.

2

닭 다리를 모아 다시 묶는다. 길게 자른 조리용 실을 닭 가슴살 아래에 두르고 다리를 감싼 다음 리본 모양으로 묶는다. 닭 가슴살과 다리에 버터를 문질러 바르고 소금과 후추, 타임 잎 약간을 뿌린다. 마지막으로 양파 1개를 굵게 썰어 닭 주변에 골고루 뿌린다. 오일 1큰술을 골고루 두른다. 닭을 오븐에 넣고 1시간 30분간 굽는다. 시간이 반 정도 지났을 때 남은 마늘에 오일을 약간 둘러 팬에 넣고 같이 굽는다.

3

닭이 익는 사이에 스터핑을 만든다. 서양 대파는 질긴 녹색 잎을 잘라내고 다듬는다. 서양 대파의 흰색과 연한 녹색 부분을 얇게 송송 썰고 남은 양파 1개는 얇게 채 썬다. 프라이팬을 약한 불에 올리고 남은 오일을 두른 후 양파와 서양 대파를 넣는다. 뚜껑을 덮고 가끔 저으면서 부드러워질 때까지 10분간 익힌다.

4

빵을 굵게 뜯어 파슬리, 세이지와 함께 푸드
프로세서 볼에 담는다. 남은 타임 줄기에서
잎만 훑어내 볼에 더한다.

5

갈아서 고운 허브 빵가루를 만든다.

6

남은 레몬 조각에서 즙을 짜고 달걀은 가볍게
푼다. 허브 빵가루, 레몬 제스트, 레몬즙, 달걀을
조리한 서양 대파 양파 혼합물에 더해 잘
섞은 다음 소금과 후추로 간을 한다. 2~3분간
식힌다.

7

베이컨 조각을 각각 길게 편다. 베이컨 한 장의
끄트머리를 잡고 칼 끝 부분으로 길게 훑는
것이다. 그러면 크기가 약 50% 정도 늘어난다.
나머지 베이컨으로 같은 과정을 반복한 다음
반으로 잘라 총 12조각을 만든다.

8

베이킹 트레이 또는 시트에 오일을 가볍게
바른다. 스터핑을 골프공 크기로 둥글게
빚은 다음 베이컨을 한 개당 한 장씩 감는다.
트레이에 스터핑을 베이컨으로 여민 부분이
아래로 가도록 얹어 익는 동안 쪼그라들지
않도록 한다.

9

닭이 익는 동안 같이 넣은 양파와 마늘이
캐러멜화되면서 지방 및 육즙과 섞여 맛있는
그레이비의 바탕이 된다. 팬에서 닭을 들어내
도마나 접시에 옮긴다. 나무 주걱 2개를
사용하면 쉽게 옮길 수 있다. 주걱 1개를 닭 배
속에 집어 넣고 팬에서 들어 올린 다음 다른
주걱 1개로 무게를 지탱한다. 닭이 흔들리면서
흘러나온 즙은 모두 팬에 모은다. 닭은
20~30분간 휴지한다. 껍질이 눅눅해지므로
덮개는 씌우지 않는다. 온도는 보존되므로
걱정하지 않아도 좋다. 오븐 온도를 220℃로
높인다. 스터핑 볼을 오븐에 넣어 20분간
굽는다.

다 익었나?
닭이 다 익었는지 확인하려면 다리를 살짝
흔들어 보자. 느슨하게 느껴진다면 고기 주변의
관절까지 전부 익었다는 뜻이다. 이어서 허벅지
살의 제일 두꺼운 부분을 꼬치로 찔러 본다.
빼서 흘러나오는 즙의 색을 관찰한다. 맑으면
다 익었다는 뜻이다. 분홍색이라면 다시 오븐에
넣고 15분 후에 재확인한다.

10

그동안 그레이비를 만든다. 로스팅 팬에 남은 여분의 지방을 떠낸 다음 약한 불에 올린다. 밀가루를 뿌리고 계속 휘저으며 2분간 익혀 걸쭉한 페이스트를 만든 후 와인을 붓고 계속 휘젓는다. 저으면서 부글부글 끓이면 알코올 냄새가 날아가며 살짝 걸쭉하고 매끈한 소스가 된다.

11

육수를 서서히 부으며 덩어리진 부분 없이 묽은 그레이비가 될 때까지 계속 젓는다. 농도가 걸쭉해질 때까지 쉬지 않고 저어 뭉근하게 익힌다.

12

원한다면 그레이비를 체에 내려 따뜻한 그릇에 담은 후 덮개를 씌워 온도를 유지한다. 체에 내릴 때는 양파를 꾹꾹 눌러 맛있는 국물을 최대한 빼 낸다. 닭을 휴지하는 사이에 흘러나온 즙도 모두 그레이비에 더한다.

13

로스트 치킨에 스터핑과 그레이비를 곁들이고 부드럽게 구운 마늘을 함께 내서 접시에 짜낸 즙과 함께 버무려 먹을 수 있도록 한다.

칠면조 굽는 법

4.5~5.6kg들이 칠면조(8명을 먹이고 남을 분량)로 로스트 터키를 만들려면, 칠면조에 버터 4큰술을 바르고 알루미늄 포일을 덮은 다음 450g당 20분으로 계산해 추가로 20분을 더한 시간만큼 190℃에서 굽는다. 마지막 90분은 알루미늄 포일을 벗기고 굽는다. 칠면조를 휴지하는 동안 스터핑을 두 배로 늘려 만든다. 그레이비 양도 두 배로 늘리고, 휴지하면서 흘러나온 즙은 반드시 모두 긁어 모아 그레이비에 넣는다. 크랜베리 소스와 좋아하는 채소 요리를 곁들여 낸다.

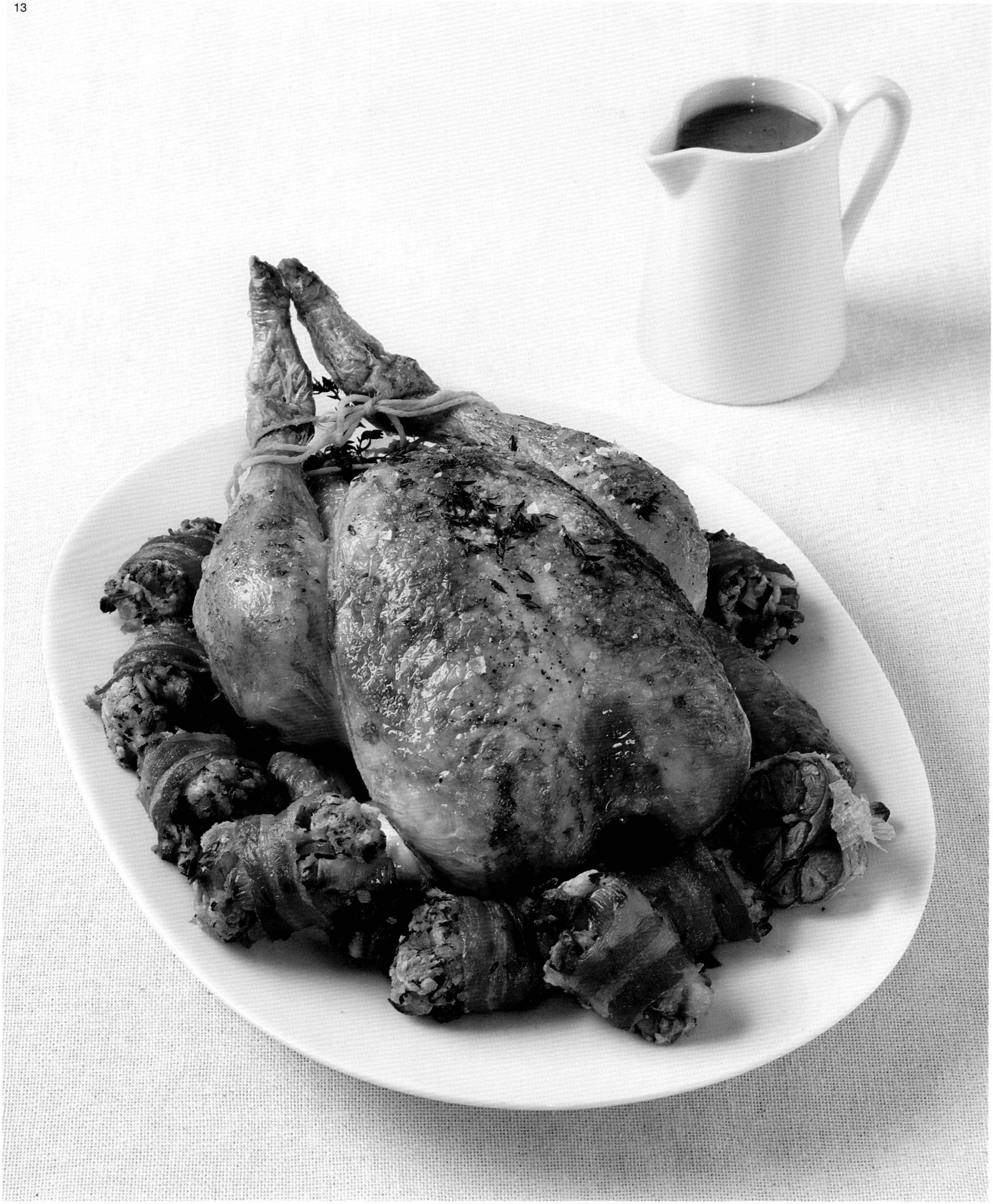

셰퍼드 파이

준비 시간: 45분 + 뭉근하게 끓이기 1시간 30분
조리 시간: 25분
6인분

다진 양고기로 만든 셰퍼드 파이와 소고기로 만든
코티지 파이는 모두 영국에서 정겨운 음식이다.
코티지 파이를 만들고 싶다면 양고기 대신
소고기를 넣으면 된다. 이 두 가지 고기는 서로
대체해 사용할 수 있다. 다만 소고기는 양고기보다
기름기가 적으므로 볶을 때 오일을 조금 더 둘러야
한다.

다진 양고기 500g
양파 2개
셀러리 2대
당근 3개
마일드 올리브 오일 1큰술
버터 50g
토마토 퓌레 2큰술
우스터 소스 2큰술
생타임 줄기 약간
디종 머스터드 2작은술
양고기 또는 소고기 육수 500ml
분질 감자(남작이나 두백 품종) 1kg
천일염 플레이크 1작은술
우유 200ml
밀가루 1큰술
소금과 후추

1

큰 프라이팬 또는 직화 가능한 얇은 캐서롤
냄비를 강한 불에 달구고 다진 고기를 넣는다.
나무 주걱으로 으깨면서 볶는다.

2

10분 후면 다진 고기가 분홍색에서 회색이
되었다가 노릇해지면서 건조해진다. 처음에는
고기에서 수분이 빠져나와 축축해지지만,
수분을 증발시키면서 바짝 볶아야 한다. 볶은
고기는 종이 행주를 깐 볼에 옮겨 여분의
기름기를 제거한다.

3

고기를 볶는 동안 양파, 셀러리, 당근을 아주
굵게 다져 푸드 프로세서에 넣는다.

4

채소가 곱게 다져질 때까지 푸드 프로세서를
짧은 간격으로 돌린다. 푸드 프로세서가 없다면
채소를 손으로 곱게 다지고, 조리 시간을 조금
늘린다.

5

팬을 약한 불에 올리고 오일과 절반 분량의
버터를 넣는다. 버터에서 거품이 일기 시작하면
다진 채소를 넣는다. 부드러워질 때까지
10분간 천천히 익힌다.

6

볶은 고기를 다시 팬에 넣고 토마토 퓌레,
우스터 소스, 타임 잎, 머스터드 1작은술을
더한다. 1분간 익힌 다음 소고기 육수를
붓는다. 끓기 시작할 때까지 저으며 익힌다.
뚜껑을 반쯤 닫고 고기가 부드러워지고 진한
소스가 완성될 때까지 1시간 30분간 뭉근하게
익힌다.

7

소스를 뭉근하게 익히는 동안 으깬 감자 토핑을 만든다. 감자는 껍질을 벗기고 4등분한다. 큰 냄비에 감자를 담고 찬물을 잠길 정도로 부은 다음 소금 간을 하고 한소끔 끓인다. 끓으면 불 세기를 낮추고 감자가 부드러워질 때까지 15분간 익힌다.

8

감자를 채반에 밭친다. 빈 감자 냄비에 남은 버터와 우유를 넣고 중간 불에 올려 우유가 끓기 시작하고 버터가 녹을 때까지 데운다. 삶은 감자를 다시 넣고 불에서 내린다.

9

감자를 감자 으깨개나 포테이토 라이서로 으깬다. 감자가 아직 뜨거울 때 으깨는 것이 중요하다. 남은 머스터드를 넣고 소금과 후추로 간을 한 다음 잘 섞는다.

10

밀가루에 찬물 2큰술을 더해 잘 섞고 매끄러운 페이스트를 만든 다음 고기 담은 냄비에 넣고 잘 섞는다. 한소끔 끓인 다음 소스가 걸쭉해질 때까지 저으면서 익힌다. 오븐을 180℃로 예열한다.

11

고기 혼합물을 큰 베이킹 그릇에 담는다. 으깬 감자를 고기 위에 군데군데 수 큰술씩 얹는다. (한 군데에 전부 부으면 무거워 소스 아래로 가라앉는다.)

12

으깬 감자를 포크로 골고루 펴 바르고 휘저어 모양을 낸다. 감자가 노릇해지고 그릇 아래의 소스가 보글보글 끓을 때까지 25분간 굽는다. 뜨거울 때 바로 낸다. 버터에 익힌 녹색 채소(330쪽 참조)를 곁들여 내면 좋다.

볼로네제 소스 탈리아텔레

준비 시간: 40분
조리 시간: 1시간 30분
넉넉한 6인분

고기를 듬뿍 넣은 진한 볼로네제 소스, 즉
라구는 기막히게 맛있지만 조리할 때 절대
서두르면 안 된다. 다진 고기는 주로 동물의
질긴 부위를 갈아 만들기 때문에 오랫동안
천천히 익혀야 제대로 부드러워진다. 고기 맛을
강하게 내려면 처음에 다진 고기가 갈색이 될
때까지 충분히 볶는 것이 중요하므로 시간을
넉넉히 들이도록 한다.

마일드 올리브 오일 1큰술
다진 소고기(기름기가 없는 부위) 500g
양파 2개
셀러리 2대
당근 1개
마늘 2쪽
염장 건조 줄무늬 베이컨 또는 판체타
    200g(얇은 것 약 8장)
생바질 1줌 또는 말린 혼합 허브 1작은술
토마토 퓌레 2큰술
월계수 잎 1장
화이트 와인 150ml
우유 150ml
통조림 다진 토마토 2통(각 400g 들이)
탈리아텔레 500g
소금과 후추
파르미지아노 치즈 1덩이, 곁들임용

1

큰 프라이팬 또는 직화 가능한 캐서롤
냄비를 강한 불에 올리고 오일을 두른다.
30초 후에 다진 고기를 넣는다. 뭉근하게
익지 않고 지글거리면서 볶는 상태여야 한다.
나무 주걱으로 잘게 부숴 가며 볶는다.

2

10분 후면 다진 고기는 분홍색에서 회색이
되었다가 노릇해지면서 수분이 날아간다.
처음에는 고기에서 수분이 빠져나올 수
있지만, 계속 가열하면 증발하면서 볶는
상태가 된다. 볶은 고기를 볼에 담는다.

3

고기를 볶는 동안 양파, 셀러리, 당근, 마늘을
아주 굵게 다진다. 푸드 프로세서 볼에
담는다.

4

푸드 프로세서에 채소를 넣고 짧은 간격으로
돌려 곱게 다진다. 푸드 프로세서를
사용하면 시간을 꽤 절약할 수 있지만,
없다면 손으로 직접 다져도 좋다. 다만 조리
시간을 조금 늘린다.

5

베이컨 또는 판체타를 다져 팬에 넣고
기름기가 빠져나와 바삭하고 노릇해질
때까지 8~10분간 천천히 볶는다. 판체타는
줄무늬 베이컨보다 바삭해질 때까지 시간이
오래 걸린다.

6

손질한 채소를 넣고 불 세기를 낮춘다.
채소가 부드러워질 때까지 10분 더 천천히
익힌다.

7

고기를 다시 팬에 넣고 (사용한다면) 바질
잎을 찢어 넣거나 말린 허브를 더한다. 토마토
퓌레, 월계수 잎, 와인을 넣고 잘 섞은 다음
보글보글 끓이면서 2분간 익힌다. 우유와
토마토, 물 100ml를 넣어 섞은 다음 소금과
후추로 간을 한다.

8

팬 뚜껑을 반쯤 닫고 고기는 부드럽고 소스는
걸쭉하고 진해질 때까지 1시간 30분간
뭉근하게 익힌다. 맛을 보고 취향에 따라
소금과 후추로 간을 맞춘다.

9

내기 직전에 파스타를 10분간 삶는다. (141쪽
참조) 파스타 삶은 물을 1컵 남기고 파스타를
건진다. 파르미지아노 치즈를 곱게 간다.

왜 탈리아텔레를 쓸까?
볼로냐에서는 볼로네제 소스에 스파게티가
아닌 탈리아텔레를 함께 낸다. 취향에 따라
스파게티를 사용해도 좋다.

10

파스타를 볼로네제 소스에 넣고 파스타 삶은
물을 한두 큰술 더한 다음 잘 버무려 갈거나
얇게 저민 파르미지아노 치즈를 얹어 낸다.

미리 만들기
볼로네제 소스는 두 배 분량으로 만들어
냉장 또는 냉동 보관해 두면 파스타나
라자냐(248쪽 참조)를 만들 때 편하게 쓸
수 있다. 두 배로 늘려 만들 때는 고기를
갈색으로 볶을 때 일정 분량을 여러 번에
나누어 작업한다.

양고기 로스트와
로즈메리 감자

준비 시간: 30분
조리 시간: 2시간 10분
6인분

양고기 중에서도 갈비 같은 부위는 진한
분홍빛을 띨 정도로만 살짝 구워야 맛있지만,
조금 질긴 다릿살은 오래 익혀야 맛이 좋다.
다음 레시피의 조리 시간을 준수하면 촉촉하고
살짝 분홍빛을 띠는 양고기 로스트가 완성된다.
가능하면 뼈를 일부 제거한 양 다리를 구입하는
편이 조리한 후에 썰기가 쉽다.

마늘 10쪽
생로즈메리 줄기 1줌
양 다리(뼈를 일부만 제거한 것) 1개(2kg)
셀러리 1대
당근 1개
양파 1개
마일드 올리브 오일 3큰술
감자(남작이나 두백 품종) 2kg
양질의 레드 와인 100ml
양질의 양고기 또는 소고기 육수 500ml
레드커런트 또는 크랜베리 젤리 1큰술
소금과 후추

1

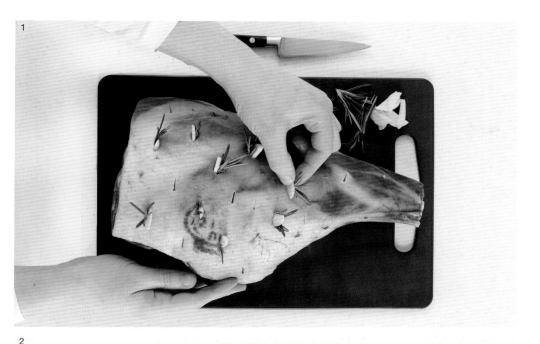

오븐을 220℃로 예열한다. 마늘 5쪽을 얇게 저민다. 로즈메리는 줄기에서 잎 다발을 떼어 낸다. 아주 날카로운 소형 칼로 양고기에 약 1.5cm 깊이의 칼집을 총 25군데 정도 낸다. 칼집마다 저민 마늘과 로즈메리 다발을 하나씩 끼워 넣는다. 소금과 후추로 넉넉히 간을 한다.

2

셀러리, 당근, 양파를 굵게 썬다. 바닥이 묵직한 로스팅 팬에 담는다. 양고기를 채소 위에 얹고 오일 1큰술을 골고루 두른 다음 오븐 가운데 선반에 넣어서 20분간 굽는다. 오븐 온도를 190℃로 낮추고 물 100ml를 양고기 위에 부은 다음 타이머를 1시간으로 맞춘다.

3

양고기를 굽는 동안 감자의 껍질을 벗기고 작게 자른다. 큰 로스팅 팬 또는 베이킹 트레이에 담고 남은 쪽마늘을 껍질째 더한다. 로즈메리 1큰술 분량을 다져 감자 위에 뿌리고 간을 넉넉히 한다. 남은 오일을 두르고 손으로 감자에 골고루 문질러 바른다.

4

양고기를 1시간 동안 굽고 난 후 감자를
오븐 위쪽 선반에 넣는다. 양고기를 30분 더
굽는다. 양고기 주변의 채소는 부드럽게 익어
캐러멜화된 상태일 것이다.

5

양고기가 익으면 오븐에서 꺼내고 오븐 온도를
220℃로 높여 감자가 바삭해질 때까지 20분간
굽는다. 양고기를 팬에서 꺼내 도마나 접시에
담고 덮개를 씌우지 않은 채로 휴지한다.

6

로스팅 팬에 흘러나온 기름기를 1큰술 정도만
남기고 제거한 다음 팬을 중간 불에 올린다.
레드 와인과 육수를 부어 팬 바닥에 눌어붙은
것을 긁어낸다. 내용물이 반으로 줄어들고
소스가 살짝 시럽처럼 보일 때까지 뭉근하게
익힌 다음 레드커런트 또는 크랜베리 젤리를
더해 잘 섞어 윤기 흐르는 소스를 완성한다.
간을 맞추고 휴지한 양고기에서 흘러나온 즙을
모아 더한다.

7

소스를 체에 걸러 그릇에 담는다. 구운 감자,
소스, 글레이즈를 입힌 당근(314쪽 참조) 등
좋아하는 채소 요리를 곁들여 낸다.

완벽한 조리 시간
다른 크기의 양고기를 조리할 때는 다음
조리 시간 지침을 따르자. 우선 언제건
220℃에서 20분간 굽는 것으로 시작한다.
겉은 노릇노릇하고 뼈 가까운 곳은 분홍빛을
띠도록(미디엄) 구우려면 양고기 450g(뼈를
포함한 무게)당 20분을 더해 계산한다. 레어
양고기는 15분, 웰던 양고기는 25분을 더한다.
다른 모든 고기류와 마찬가지로 양고기도 실온
상태에서 조리해야 하며, 적어도 냉장고에서
꺼내자마자 요리해서는 안 된다.

지중해식 생선 스튜

준비 시간: 30분

조리 시간: 40분

6인분

프로방스 지방의 눈부신 바다와 태양의 산물이
어우러져 맛을 내는 진한 생선 스튜로, 오렌지로
향을 내고 아니스를 살짝 가미했다. 마늘과
향신료를 가미한 전통 마요네즈 소스인 루이를
간단하게 만들어 스튜 국물에 녹인 다음 바삭한
빵을 마음껏 적셔 먹도록 하자.

양파 2개

굵은 마늘 3쪽

셀러리 3대

빨강 파프리카 2개

라이트 올리브 오일 2큰술

오렌지 1개

팔각 1개

월계수 잎 2장

잘게 부순 말린 고추 ½작은술

토마토 퓌레 2큰술

드라이 화이트 와인 150ml

통조림 다진 토마토 1통(400g)

생선 국물 500ml

껍질을 제거한 두꺼운 흰살 생선 필레(지속
　　가능한 어업으로 잡은 것) 1kg

대합 또는 홍합 400g

굵은 홍고추 1개

양질의 마요네즈 100g

껍데기를 제거한 생새우 200g(대)

생이탈리안 파슬리 1줌

소금과 후추

껍질이 바삭한 빵, 곁들임용(선택 사항)

1

양파, 마늘 2쪽, 셀러리는 얇게 채 썰고 고추는 씨를 제거한 다음 굵게 송송 썬다. 큰 냄비를 약한 불에 달구고 오일을 두른다. 손질한 채소를 넣고 부드럽지만 노릇해지지 않을 정도로 천천히 10분간 익힌다.

2

채소 필러로 오렌지에서 제스트를 길게 하나 벗겨낸다. (껍질 아래 흰색 부분은 쓴맛이 나므로 최대한 제거한다.) 오렌지 껍질, 팔각, 월계수 잎, 잘게 부순 말린 고추를 냄비에 넣고 잘 저은 후 뚜껑을 연 채로 채소가 아주 부드럽고 살짝 노릇해질 정도로 10분간 더 익힌다.

3

중간 불로 높이고 토마토 퓌레를 넣어 섞은 다음 2분간 더 익힌 다음에 와인을 붓는다. 냄비 바닥에 거의 아무것도 남지 않을 때까지 와인을 부글부글 끓여 증발시킨다. 토마토, 육수를 넣고 살짝 걸쭉해질 때까지 10분간 뭉근하게 끓인다. 소금과 후추로 간을 한다.

4

소스를 만드는 동안 생선을 아주 큼직하게 썬다.
대합 또는 홍합은 문질러 닦고 (만약 사용한다면)
홍합 껍데기 틈새로 빠져나온 족사를 당겨서
제거한다. 입을 벌리고 있는 조개는 탁탁
두드려서 바로 입을 다물지 않는 것은 모두
버린다. 모래가 가득 차 있을 수 있으니 이상할
정도로 무거운 조개도 버린다.

5

루이를 만든다. 고추는 씨를 빼고 아주 굵게
다지고 남은 마늘도 아주 굵게 다진다. 소형 푸드
프로세서 볼에 마요네즈, 고추, 마늘을 담는다.

6

마요네즈에 고추가 점점이 박힌 모양새가 될
때까지 돌린다. 또는 고추를 곱게 다지고 마늘을
으깨 마요네즈와 함께 섞는다. 식사용 그릇에
담는다.

7

스튜에 생선살과 새우를 넣는다. 다시 한소끔
끓인 다음 뚜껑을 닫고 2분간 뭉근하게 익힌다.
홍합 또는 대합을 넣고 뚜껑을 닫은 다음 조개는
껍데기를 벌리고 생선은 불투명하며 새우는
전체적으로 분홍색이 될 때까지 2~4분 더
익힌다. 입을 벌리지 않는 조개는 꺼내 버린다.
소스에 소금과 후추로 간을 한다.

8

내기 전에 파슬리 잎을 굵게 다져 스튜에 뿌린다.
껍질이 바삭한 빵을 곁들여 낸다.

로스트 비프 & 요크셔 푸딩

준비 시간: 20분
조리 시간: 2시간 20분
6인분

특별한 날 음식으로는 로스트 비프만 한
것이 없다! 이상적인 소고기는 최소한 21일간
숙성해야 하며, 이처럼 간단한 고기 요리일수록
재료의 품질이 맛을 좌우한다. 소 갈비 부위는
가격이 높은 편이므로 취향에 따라 뼈가 달린
등심 부위를 사용해도 좋다.

소 갈빗대(뼈가 붙은 것) 2~3대(약 2.5kg)
밀가루 120g + 2큰술
잉글리시 머스터드 파우더 2작은술
천일염 플레이크 1½작은술
후추 1작은술
생타임 줄기 1줌
달걀 3개(중)
우유 300ml
해바라기씨 오일 또는 식물성 오일 4큰술
양질의 소고기 육수 500ml
소금과 후추

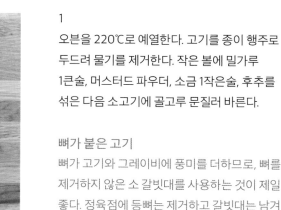

1
오븐을 220℃로 예열한다. 고기를 종이 행주로 두드려 물기를 제거한다. 작은 볼에 밀가루 1큰술, 머스터드 파우더, 소금 1작은술, 후추를 섞은 다음 소고기에 골고루 문질러 바른다.

뼈가 붙은 고기
뼈가 고기와 그레이비에 풍미를 더하므로, 뼈를 제거하지 않은 소 갈빗대를 사용하는 것이 제일 좋다. 정육점에 등뼈는 제거하고 갈빗대는 남겨 달라고 부탁해 보자.

2
로스팅 팬 가운데에 타임 줄기를 흩뿌리고 소고기를 지방 부분이 제일 위로 오도록 얹는다.

3
소고기를 20분간 굽는다. 30분 뒤에 오븐 온도를 160℃로 낮추고 미디엄 레어(촉촉하고 가운데는 아직 분홍색인 상태)일 경우 1시간 40분간 더 굽는다. 미디엄 또는 웰던을 원한다면 278쪽의 조리 시간을 참조하자.

고기를 굽는 동안 요크셔 푸딩 반죽을 만든다. 볼에 밀가루 120g, 소금 ½작은술을 섞는다. 가운데에 우물을 만들고 달걀, 우유 1큰술을 넣는다.

4

거품기로 걸쭉하고 부드러운 페이스트 상태가
될 때까지 친다. 덩어리진 부분이 보이지 않을
때까지 계속 쳐서 섞는다.

5

덩어리진 부분이 전부 사라지면 남은 우유를
서서히 부으며 휘저어 매끄럽고 묽은 반죽을
만든다. 그릇에 담아 필요할 때까지 따로
보관한다.

6

오븐에서 소고기를 꺼내고 알루미늄 호일을
느슨하게 덮어 휴지하는 사이 요크셔 푸딩을
굽는다. 휴지하는 사이에도 소고기 내부 온도는
계속 오르기 때문에 조리 시간을 임의로 늘리면
고기가 과조리될 수 있다.

7

오븐 온도를 220℃로 높인다. 12구짜리 들러붙음 방지 코팅 머핀 틀에 오일을 각각 1작은술씩 붓는다. 틀을 오븐에 10분간 넣어서 오일을 데운다. 오일이 뜨거워지면 틀을 조심스럽게 꺼낸다. 반죽을 최대한 빨리 조심스럽게 골고루 나누어 붓는다. 요크셔 푸딩을 30분간 굽는다. 25분이 지나기 전에는 오븐 문을 열지 않는다.

8

기다리는 동안 그레이비를 만든다. 소고기를 접시나 도마에 옮기고 팬에 남은 즙에 고인 기름기를 1큰술 정도만 남기고 제거한다. 팬을 살짝 흔들면 작업하기 쉽다. 틀을 중간 불에 올리고 남은 밀가루 1큰술을 더한다. 2분간 휘저으면 걸쭉해진다. 전통적인 걸쭉한 그레이비를 만드는 과정인데, 묽은 그레이비를 원한다면 밀가루를 넣는 과정을 건너뛰고 바로 9번 과정으로 넘어간다.

9

팬에 육수를 천천히 부으면서 휘젓되, 처음에는 조금씩 넣으며 섞다가 매끄러워지면 남은 육수를 모두 부어 부드럽고 묽은 그레이비를 완성한다. 그레이비를 다시 한소끔 끓이면 걸쭉해진다. 밀가루를 넣지 않았다면 그레이비를 2~3분간 끓여 시럽처럼 걸쭉하게 만든다. 휴지한 소고기에서 흘러나온 즙을 전부 그레이비에 부은 다음 간을 맞추고 걸러 그릇에 담는다.

10

푸딩을 30분간 구우면 부풀어 갈색으로
바삭하게 익을 것이다.

11

취향에 따라 로스트비프를 썰기 전에 고기와
뼈 사이에 칼을 조심스럽게 넣어 갈빗대를 먼저
분리한다. 그러면 로스트비프를 쉽게 썰 수
있다.

12

 로스트비프를 요크셔 푸딩과 그레이비 및 감자
로스트(306쪽 참조) 또는 버터에 익힌 녹색
채소(330쪽 참조) 등의 채소 요리와 함께 낸다.

완벽한 조리 시간
서로 다른 크기의 소고기를 익힐 때는 무게를
달아서 다음의 조리 시간 안내를 참고하자.
우선 220℃에서 20분간 익히는 것으로
시작한다. 그런 다음 오븐 온도를 160℃로
낮춘다. 가운데가 부드럽고 붉은색을 띠는
레어로 익히려면 450g당 15분을 더한다. 조금
단단하지만 여전히 분홍색을 띠고 촉촉한
미디엄 레어로 익히려면 450g당 18분을
더한다. 그리고 가운데가 살짝 분홍색을 띠는
미디엄으로 익히려면 450g당 20분을 더한다.
웰던으로 익히려면 450g당 25분을 더한다.
(고기가 퍽퍽해지므로 권장하지는 않는다.)
소고기는 실온 상태에서 익혀야 하며, 최소한
냉장고에서 꺼내자마자 익혀서는 안 된다.

덩어리 소고기는 크기도 모양도 아주
다양하므로 위 조리 시간 계산법은 지침일
뿐이다. 정확하게 확인하려면 조리용 온도계를
뼈에서 먼 곳 중 제일 두꺼운 부분에 찔러
넣는다. 다 익으면 레어는 약 50℃, 미디엄
레어는 55℃, 미디엄은 60℃, 웰던은 70℃일
것이다. 내부 온도는 고기를 휴지하는 동안에도
몇 도 정도 오르면서 요리를 완성시킨다. 위
온도는 양고기 로스트에도 동일하게 적용할 수
있다.

파에야

준비 시간: 30분

조리 시간: 50분

6인분

친구들을 위해 요리하기 좋은 고전적인 스페인
쌀 요리다. 해산물 모듬은 원하는 대로 골라도
좋지만 새우와 홍합, 오징어를 넣으면 색과
질감이 멋진 파에야를 만들 수 있다. 쌀은
익으면서 부푸는 경향이 있으니 가진 것 중에서
제일 큰 팬을 사용한다.

초리소 100g(281쪽 설명 참조)

마일드 올리브 오일 2작은술

닭 허벅지살 6장(약 500g)

양파 2개

마늘 3쪽

빨강 파프리카 2개

파에야 또는 리소토용 쌀 350g(282쪽 참조)

훈제 또는 일반 파프리카 가루 1작은술

사프란 가닥 1자밤(넉넉히, 약 ½작은술)

화이트 와인 100ml

닭 육수 또는 생선 국물 1L

깨끗이 손질한 오징어 6마리(소, 선택 사항)

홍합 300g

생새우 (껍데기째, 머리는 떼거나 그대로 유지)
　　12마리(대)

냉동 프티트 포Petits pois● 1줌

생이탈리안 파슬리 1줌

레몬 1개

소금과 후추

● 작고 부드러우며 단맛이 나서 인기가 좋은 프랑스산
　완두콩 품종.

1

초리소는 얇게 저민다. 큰 프라이팬 또는
직화 가능한 캐서롤 냄비를 중간 불에 올리고
오일을 더한다. 30초 후에 초리소를 넣는다.
전체적으로 노릇해지고 붉은 기름기가
배어나올 때까지 5분간 볶는다. 팬에서 덜어내
따로 둔다. 초리소를 익히는 동안 닭고기를
한입 크기로 썬다.

초리소
초리소는 파프리카와 마늘로 맛을 낸 매콤한
스페인산 소시지다. 일반 소시지처럼 부드러운
요리용 초리소와 단단하고 건조해 살라미처럼
날로 먹는 건식 초리소의 두 가지 종류가 있다.
이 요리에는 두 가지 모두 사용할 수 있지만,
가능하면 요리용 초리소를 쓰자.

2

팬에 닭고기를 더하고 소금과 후추로 간을 한
다음 가끔 뒤적이며 노릇해질 때까지 5분간
볶는다.

3

닭고기를 볶는 동안 양파와 마늘을 곱게
저미거나 다진다. 파프리카는 씨를 빼고 굵게
썬다. 양파, 마늘, 파프리카를 팬에 넣고 잘
저은 다음 부드러워질 때까지 10분간 천천히
익힌다.

4

쌀을 넣고 불 세기를 높인다. 잘 섞어 쌀에
오일을 골고루 버무린 다음 파프리카 가루,
사프란, 와인, 육수를 붓고 소금과 후추로 간을
한다. 쌀이 거의 부드러워질 때까지 20분간
뭉근하게 익힌다. 익히는 동안 여러 번 저어 잘
섞는다.

파에야용 쌀
스페인 요리사는 리소토용 쌀과 비슷하게
생긴 원형 단립종 쌀로 파에야를 만든다.
'파에야용 쌀' 또는 제일 흔한 품종 두 가지인
칼라스파라Calasparra 또는 봄바Bomba
등의 이름이 적힌 제품을 고르면 된다. 구하기
힘들다면 리소토용 쌀을 사용하자.

5

(만약 사용한다면) 그동안 오징어 몸통을
원형으로 굵게 썬다. 다리는 통째로 사용한다.
홍합은 문질러 씻고 껍데기 사이로 빠져나온
족사를 당겨서 제거한다. 입을 벌리고 있는
홍합은 작업대에 탁탁 두들긴다. 몇 초 이내에
입을 다물지 않으면 버린다.

6

새우를 팬에 넣고 쌀 주변에 고인 소스에
파묻는다. 뚜껑을 닫고 5분간 익힌 다음
오징어와 홍합, 완두콩, 초리소를 위에 뿌린다.
뚜껑을 닫고 홍합은 입을 열고 오징어는
반투명한 상태에서 하얗게 변할 때까지 2분
정도 더 익히면 쌀이 육수를 충분히 흡수한다.

7

입을 벌리지 않은 홍합은 꺼내서 버린다.
파슬리 잎을 굵게 다진 다음 파에야 위에
뿌린다. 뿌려 먹을 레몬 조각을 곁들여 낸다.

닭고기 베이컨 채소 팟 파이

준비 시간: 1시간 15분 + 식히기 30분
조리 시간: 20분(큰 파이 1개일 경우 30분)
작은 파이 6개 또는 큰 파이 1개 분량

1인용 팟 파이는 페이스트리로 모양을 내는
다소 귀찮은 과정을 거치지 않고도 손쉽게
만들 수 있다. 글레이즈를 입힌 당근(314쪽
참조)이나 으깬 감자(136쪽 참조) 등 간단하게
조리한 채소 요리를 곁들이면 온 가족이 나누어
먹는 이상적인 저녁 식사가 완성된다.

껍질을 제거한 닭 허벅지살 필레 12개(약 1kg)
얇은 염장 건조 훈제 줄무늬 베이컨 8장
마일드 올리브 오일 1큰술
양파 2개
셀러리 2대
서양 대파 3개(중)
생타임 줄기 적당량
버터 1큰술
양송이 버섯 200g
밀가루 2작은술, 덧가루용 여분
닭 육수 400ml
크렘 프레슈(반탈지유) 200ml
디종 머스터드 1작은술
냉동 퍼프 페이스트리, 해동한 것 1개(500g
　　들이)
달걀 1개(중)
소금과 후추

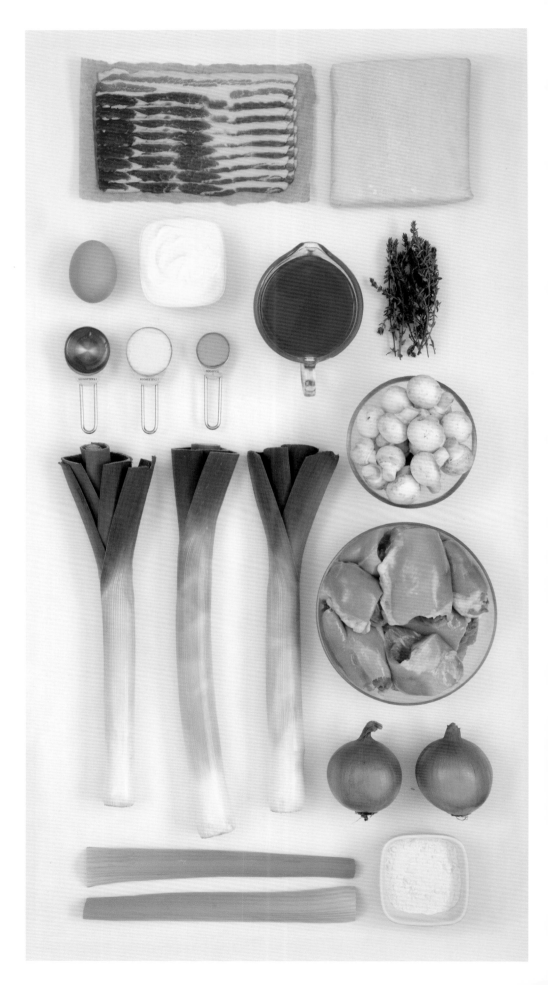

1
닭 허벅지살과 베이컨을 한입 크기로 자른다.

2
큰 프라이팬 또는 직화 가능한 얕은 캐서롤 냄비를 중간 불에 올리고 오일을 두른다. 30초 후에 절반 분량의 닭고기와 베이컨을 팬에 넣고 소금과 후추로 간을 한다. 자주 뒤적이면서 골고루 노릇해질 때까지 약 8~10분간 굽는다. 그물 국자로 익은 닭고기와 베이컨을 접시에 옮겨 담고 남은 닭고기와 베이컨으로 같은 과정을 반복한다.

닭 허벅지살이 없다면?
뼈를 제거한 닭 허벅지살을 판매하는 슈퍼마켓이 많이 늘어났다. 팟 파이 등의 레시피에는 닭 가슴살보다 촉촉한 질감이 유지되고 풍미가 뛰어나며 맛이 좋은 허벅지살이 잘 어울린다. 닭 허벅지살을 구하기 힘들다면 대신 닭 가슴살을 큼직하게 썰어 사용한다. 이때는 노릇하게 구운 다음 5번 과정 중에 다시 팬에 넣어 다 익을 때까지 약 5분 정도만 뭉근하게 익혀야 질기지 않다.

3
닭고기를 굽는 동안 양파, 셀러리, 서양 대파를 얇게 송송 썬다. 닭고기를 전부 구워 옆에 덜어 두고 나면 채소를 팬에 넣고 뚜껑을 닫은 다음 부드러워질 때까지 10분간 천천히 익힌다.

4
타임 잎을 줄기에서 떼어 낸다. 다시 불 세기를 약간 높이고 버터, 버섯, 타임을 넣는다. 버섯과 채소가 노릇해질 때까지 3분간 저으며 볶는다. 닭고기를 다시 팬에 넣는다.

5
팬을 불에서 내리고 밀가루를 넣어 젓는다. 육수를 닭고기와 채소 주변에 천천히 부어 매끄러운 소스를 만든다. 닭고기가 부드러워질 때까지 20분간 뭉근하게 익힌다.

6

크렘 프레슈와 머스터드를 파이 필링에 넣고
섞는다.

7

맛을 보고 소금 간을 더 할지 결정한다. (베이컨
덕분에 염도가 높다.) 후추로 간을 한다. 닭고기
파이 필링을 1인용 파이 그릇 6개에 나누어 담되
끓어도 넘치지 않도록 윗부분에 최소한 2.5cm
정도 공간을 남긴다. 식힌다.

8

작업대에 덧가루를 약간 뿌리고 페이스트리를 약
45cm 크기의 정사각형으로 민다. 페이스트리를
파이 그릇보다 조금 넓은 크기의 직사각형
모양으로 6개 자른다. 달걀을 깨서 그릇에 담고
물 1큰술을 더해 포크로 잘 풀어 글레이즈를
만든다. 파이 그릇 가장자리에 글레이즈를
조금씩 묻힌다. 페이스트리를 그 위에 눌러
붙인다.

9

페이스트리 위에 조리용 솔로 글레이즈를 가볍게
바른다. 날카로운 소형 칼로 파이 윗부분에
칼집을 작게 낸다. 이 단계에서 2일까지 차갑게
보관할 수 있다.

10

오븐을 200℃로 예열한다. 파이를 베이킹
시트에 담고 오븐에 넣어 페이스트리가 노릇하고
필링 가운데 부분이 보글거릴 때까지 20분간
굽는다. 파이는 냉장고에서 꺼내자마자 구울 수
있으며, 이때는 굽는 시간을 2~3분 늘린다.

미리 만들기
냉동 제품 대신 신선한 페이스트리를 사용해
파이를 만든 다음 굽지 않은 상태로 냉동해
1개월까지 보관할 수 있다. 굽기 전날 냉장실에
옮겨 하룻밤 동안 해동한다.

큰 파이 만들기
필링을 큰 파이 그릇에 담고 페이스트리를
덮는다. 윗부분에 칼집을 넣은 다음 페이스트리
가 부풀고 노릇해질 때까지 30분간 굽는다.

소고기 스튜와 허브 경단

준비 시간: 45분

조리 시간: 2시간 30분 ~ 3시간

6인분

겨울을 위한 레시피다. 가능하면 하루 전에 미리
만들어 두고 천천히 데워 먹으면 더욱 좋다. 이때
팔팔 끓이지 않고 뭉근하게 데운다. 경단을 얹어
윗부분은 바삭하고 속은 포슬포슬해질 때까지
굽는다. 경단은 생략해도 괜찮지만, 넣으면 멋진
요리를 완성할 수 있다.

밀가루 150g, 여분 3큰술

천일염 플레이크 ½작은술

스튜용 스테이크, 여분의 기름기를 제거하고
　깍둑 썬 것(정육점에 요청한다.) 1kg

마일드 올리브 오일 3큰술

양파 2개

셀러리 2대

당근 5개(중) 또는 600g

차가운 무염 버터 65g

생타임 줄기 적당량

월계수 잎 1장

토마토 퓌레 1큰술

풀 바디 레드 와인 300ml

양질의 소고기 육수 400ml

장기 숙성된 체다 치즈 50g

베이킹 파우더 ½작은술

우유 5큰술

소금과 후추

1

봉지에 밀가루 3큰술, 소금, 소량의 후추를 담고 소고기를 넣는다. 봉지를 흔들어서 소고기에 밀가루를 골고루 묻힌다.

스튜용 스테이크

미리 포장해서 판매하는 스튜용 스테이크는 크기가 작고 기름기가 적어 오랫동안 천천히 조리하기에 적합하지 않다. 큼직한 덩어리 고기를 사서 직접 손질하거나 정육점에 적당한 크기로 잘라 달라고 부탁하자. 여기서는 부채살 스테이크를 사용했지만 어깨살, 우둔, 정강이 부위, 또는 평범하게 조림용Braising 스테이크라는 이름이 붙은 부위라면 다 좋다.

2

내열용 큰 캐서롤 냄비를 중간 불에 올린다. 오일 1큰술을 두른다. 절반 분량의 소고기를 여분의 밀가루를 털어 낸 다음 팬에 넣는다. 두어 번 정도 뒤적이며 겉이 짙은 갈색으로 익을 때까지 10분간 지진다. 볼에 옮겨 담은 후 팬에 물을 살짝 뿌려 바닥에 눌어 붙은 것을 긁어낸다. 팬의 즙을 볼에 붓는다. 팬을 종이 행주로 닦고 남은 고기로 같은 과정을 반복한다.

디글레이징

팬 바닥에 눌어 붙은 것에는 풍미가 가득하다. 팬에 액상 재료를 더해 이 맛있는 부분을 긁어내는 과정을 디글레이징이라고 부르는데, 맛있는 소스를 만드는 요령이다.

3

그동안 양파와 셀러리를 굵게 썰고 당근은 큼직하게 자른다.

4

두 번째로 구운 소고기를 볼에 옮기고 팬을 닦는다. 버터 1큰술, 오일 1큰술을 두르고 양파, 당근, 셀러리, 타임 줄기 약간, 월계수 잎을 넣은 다음 노릇해지기 시작할 때까지 10분간 익힌다.

5

오븐을 160℃로 예열한다. 고기와 바닥에 흘러나온 육즙을 전부 다시 팬에 넣고 토마토 퓌레, 와인, 육수를 넣고 섞는다. 고기 윗부분이 국물 위로 살짝 나와 있는 정도로 잠겨야 한다. 팬 크기에 따라 다르므로 필요하면 와인이나 육수, 물을 조금 추가한다. 팬 내용물을 약한 불에 한소끔 끓인 다음 뚜껑을 닫고 오븐에 넣어 2시간 동안 익힌다.

6

경단을 만든다. 치즈를 간다. 남은 버터를 깍둑 썰어 남은 밀가루, 베이킹 파우더와 함께 볼에 담는다. 양손으로 버터와 밀가루를 볼에서 들어올리며 엄지와 나머지 네 손가락 사이로 비벼 떨어뜨리며 모든 재료를 잘 섞는다. 거친 빵가루 같은 상태가 되어야 한다.

7

경단이 완성되기 직전에 스튜 상태를 확인한다. 고기는 숟가락으로 쉽게 잘릴 정도로 부드러워야 한다. 완성되었거나 곧 완성될 것 같으면 윗부분의 기름기를 걷어 내고 소금과 후추로 간을 한다. 아직 다 익지 않았다면 30분 후에 다시 확인한다. 스튜가 완성되면 경단을 마무리한다. 버터와 밀가루 혼합물에 우유, 남은 타임 잎, 치즈를 넣고 간을 살짝 해서 작게 12등분해 공 모양으로 빚는다.

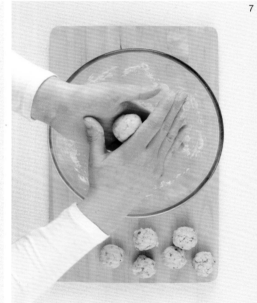

8

경단을 스튜 위에 얹는다. 팬을 다시 오븐에 넣고 뚜껑을 연 채로 30분간 익힌다.

9

경단은 부풀어 노릇해지고 스튜는 농후하며 갈색을 띠어야 한다. 버터에 익힌 녹색 채소(330쪽 참조) 등의 채소 요리와 감자를 곁들여 낸다.

게살 케이크와
허브 비네그레트

준비 시간: 30분 + 차갑게 굳히기 30분
조리 시간: 12분
4~6인분(게살 케이크 12개 분량)

게살 케이크에 느끼한 마요네즈 대신 시트러스
허브 드레싱을 뿌려 내 보자. 풍미를 훨씬 잘 살려
준다. 게살 케이크를 1인당 3개씩 담고 삶은 햇감자
등을 곁들이면 4인용 주요리가 되고, 1인당 2개씩
담으면 6인용 전채 요리가 된다.

양질의 흰 빵 200g
굵은 풋고추 1개
무왁스 레몬 1개
생이탈리안 파슬리 1단(소)
크렘 프레슈 또는 사워크림(또는 양질의
　마요네즈) 2큰술
우스터 소스 2작은술
카이엔 고춧가루 1작은술
달걀 1개(중)
흰색 게살과 갈색 게살 500g(293쪽 설명 참조)
케이퍼 2작은술
생타라곤 1단(소)
생딜 1단(소)
해바라기씨 오일 또는 식물성 오일 3큰술
엑스트라 버진 올리브 오일 4큰술
라임 1개
버터 1큰술
물냉이 100g
소금과 후추

1

빵을 찢어 껍질은 버리고 속살만 푸드
프로세서에 갈아 빵가루를 만든다.

2

고추는 씨를 빼고 곱게 다진다. 레몬은
제스트를 곱게 갈아 즙을 낸다. 파슬리 잎은
굵게 다진다. 빵가루, 크렘 프레슈, 크림 또는
마요네즈, 레몬 제스트와 레몬즙 1큰술, 다진
고추, 파슬리, 우스터 소스, 카이엔 고춧가루,
달걀, 갈색 게살을 큰 볼에 담는다.

흰색 게살, 갈색 게살?
이상적인 게살 케이크에는 게의 서로 다른
부위에서 파낸 흰색과 갈색 게살이 모두
들어가 있어야 한다. 흰색과 갈색 게살의
비율은 4:1 정도가 적당하다. 흰색 게살은
결이 있고 맛이 섬세하며 갈색 게살은 풍미가
강하고 더 촉촉하다. 만일 흰색과 갈색 게살을
섞은 제품을 구입했다면 2번 과정에서 전부
투입한다.

3

모든 재료를 골고루 버무린다.

4

이제 흰색 게살을 더해 덩어리가 제대로 남아
있도록 조심스럽게 섞는다.

5

게살 혼합물을 똑같은 크기로 12등분해 패티 모양으로 빚는다. 접시 또는 트레이에 한 켜로 얹은 다음 냉장고에서 30분간 차갑게 식혀 단단하게 굳힌다.

미리 만들기
필요하면 게살 케이크는 랩에 싸서 24시간까지 차갑게 보관할 수 있다.

6

케이크를 차갑게 식히는 동안 비네그레트를 만든다. 케이퍼와 타라곤 잎, 딜을 굵게 다진다. 볼에 담고 해바라기씨 오일 2큰술, 엑스트라 버진 올리브 오일, 남은 레몬즙을 더한다. 라임즙을 짜서 볼에 넣는다. 소금과 후추로 간을 한다.

7

오븐을 140℃로 예열한다. 큰 프라이팬을 중간 불에 달구고 버터와 해바라기씨 오일을 각각 ½큰술씩 넣는다. 버터에서 거품이 일면 게살 케이크 6개를 넣는다. 바닥이 바삭하고 노릇해질 때까지 3분간 굽는다. 뒤집개로 조심스럽게 게살 케이크를 뒤집고 같은 과정을 반복한다. 게살 케이크를 종이 행주에 얹어 오븐에 넣고 따뜻하게 보관한다. 팬을 종이 행주로 닦은 다음 남은 버터와 오일을 더해 남은 게살 케이크를 굽는다.

8

게살 케이크에 드레싱과 물냉이 한 줌을 곁들여 낸다.

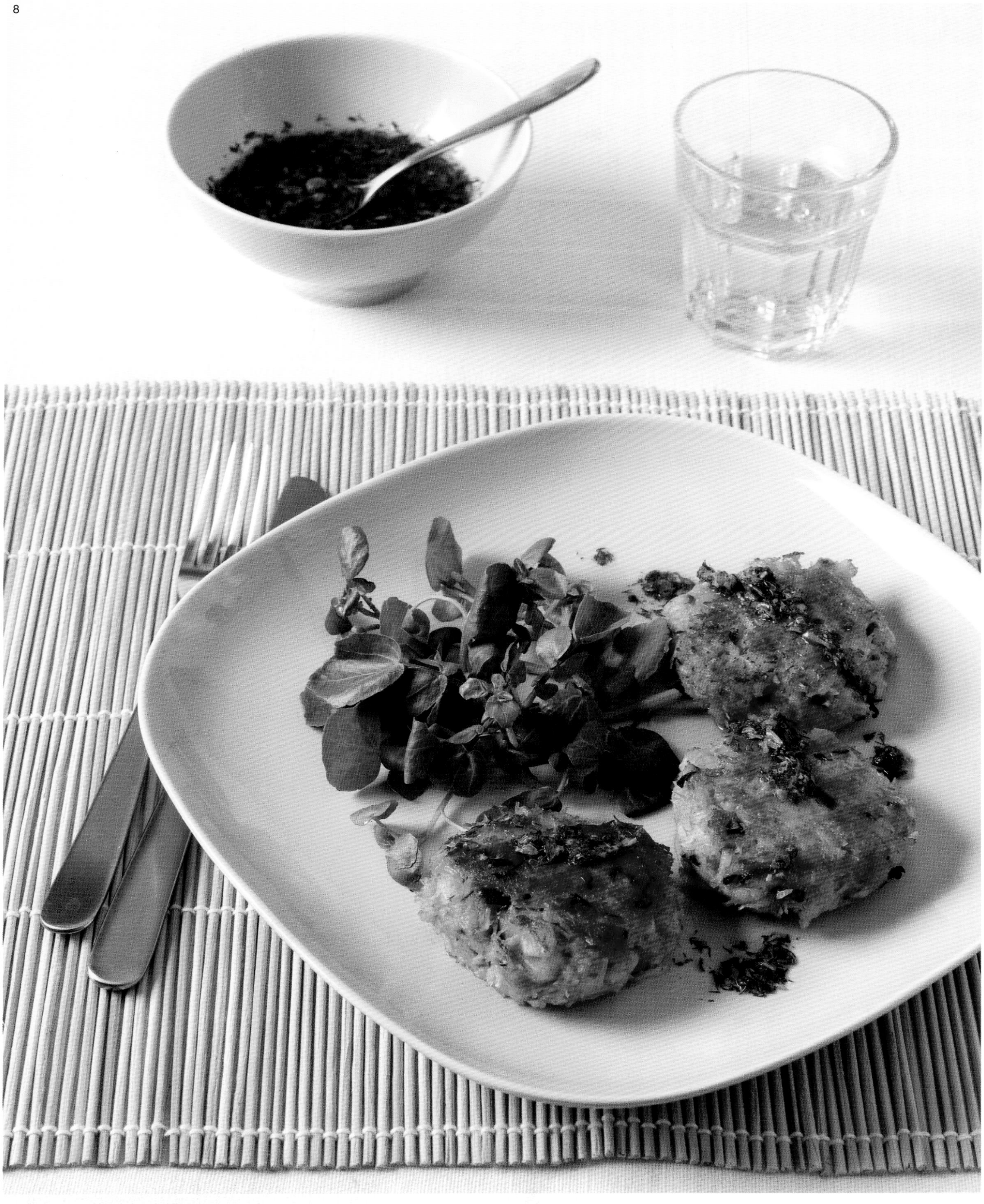

로스트 포크와
캐러멜화한 사과

조리 시간: 30분
준비 시간: 5시간
6인분

돼지 어깨살은 고기가 살살 녹을 정도로 부드러워질 때까지 오랫동안 천천히 조리해야 하지만 그만큼 값어치가 뛰어난 부위다. 껍데기와 그 아래의 기름기를 바삭하게 구우면 멋지게 파삭파삭 씹히는 질감이 생겨난다. 자연 방사한 양질의 돼지고기를 사용하고, 껍데기에 칼집을 충분히 낸 다음 소금을 넉넉히 문지르면 완벽하게 바삭한 돼지 껍데기를 만들 수 있다. 가능하면 껍데기에 칼집을 넣어 달라고 정육점에 부탁하자.

마일드 올리브 오일 1큰술
돼지 어깨살, 지방과 껍데기에 칼집을 제대로 낸
　것 2kg
회향 씨 1작은술
천일염 플레이크 1작은술
양파 1개
생식용 사과(홍옥 등) 4개
레몬 ½개
생타임 줄기 적당량
월계수 잎 3장
버터 2큰술
드라이 또는 미디엄 사과주● 200ml
닭 육수 또는 돼지 육수 600ml
소금과 후추

● 단맛이 없거나 중간 정도인 사과주.

1

오븐을 220℃로 예열한다. 돼지 껍데기에
대부분의 오일을 문질러 바른 다음 회향 씨와
소금을 껍질에 난 칼집에 최대한 고르게 눌러
박는다. 돼지고기를 로스팅 팬에 얹고 45분간
굽는다.

2

그동안 양파를 굵게 채 썬다. 사과는 심을
제거하고 껍질째 4등분한다. 레몬즙을 짜서
사과에 버무려 갈변을 막는다.

3

돼지고기를 45분간 굽고 나면 껍데기가
부풀어 갈라질 것이다. 오븐 온도를 160℃로
낮추고 4시간 더 굽는다. 완성되기 1시간 전에
양파, 대부분의 타임, 월계수 잎을 돼지고기
주변에 뿌리고 다시 오븐에 넣는다.

4

돼지고기가 거의 익을 즈음 프라이팬에 남은
오일과 버터를 두르고 사과를 담는다. 중간
불에 올리고 주기적으로 뒤적이며 부드러워질
때까지 약 15분간 익힌다.

5

돼지고기를 꺼내 도마에 옮기고 덮개를 씌우지
않은 채로 휴지하는 동안 그레이비를 만든다.
팬에 흘러나온 기름기를 전부 걷어 내고 로스팅
팬을 약한 불에 올린다. 사과주를 붓고 5분간
부글부글 끓이며 졸인 다음 육수를 붓는다.
국물이 시럽처럼 줄어들면서 맛있는 고기
풍미가 배어나올 때까지 5분 더 졸인 다음
소금과 후추로 간을 한다. 체에 걸러 우묵한
그레이비용 그릇이나 일반 그릇에 담는다.

6

사과를 마무리한다. 불 세기를 높이고 타임
잎을 약간 뿌린 다음 윤기가 흐르고 노릇해질
때까지 2분간 더 볶는다.

7

내기 전에 날카로운 큰 칼로 돼지고기를 얇게
저민다. 껍데기가 딱딱해 쉽게 잘리지 않으면
껍데기를 먼저 통째로 잘라내 잘게 조각낸 다음
고기를 썬다. 로스트 포크에 사과와 그레이비,
그리고 겨울 채소 메이플 시럽 로스트(328쪽
참조) 등의 채소 요리를 곁들여 낸다.

버터콩 타진과
세믈라 및 쿠스쿠스

준비 시간: 1시간 + 불리기 하룻밤
조리 시간: 1시간 15분
6인분

진하고 맛있는 타진은 채식 식사나 양고기
로스트에 곁들이기 좋은 완벽한 곁들임 요리다.
말린 버터콩은 미리 불려야 해서 손이 가지만
그만큼 맛이 좋다. 하지만 통조림 버터콩(대)
3통으로 대체해도 무방하다. 이때는 만드는 법
3번부터 시작하고 콩은 다른 채소와 함께 팬에
넣는다.

말린 버터콩 350g
양파 2개
굵은 마늘 4쪽
올리브 오일 120ml
라스 엘 하누트 향신료 믹스 5작은술
통조림 다진 토마토 1통(400g 들이)
토마토 퓌레 2큰술
채소 국물 또는 닭육수 500ml + 300ml
단호박(사진 참고) 또는 땅콩호박 500g
애호박 3개
말린 자두 또는 살구 150g
꿀 2작은술
생고수 1단(대)
굵은 홍고추 1개
볶은 참깨 1큰술
무왁스 레몬 1개
쿠스쿠스 400g
버터 1큰술
소금과 후추

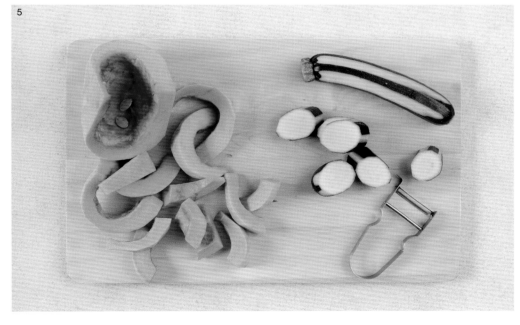

1

큰 볼에 버터콩을 담고 물을 잠기도록 부어 밤새 불린다. 콩은 원래 크기의 두 배까지 부푼다.

2

불린 콩을 물에서 건져 큰 냄비에 담아 깨끗한 물을 잠기도록 붓고 한소끔 끓인다. 부드럽지만 말랑하지는 않을 정도로 약 50분간 삶는다. 물기를 잘 거른다.

3

그동안 양파와 마늘 3½쪽을 굵게 다진다. 큰 캐서롤 냄비에 오일 3큰술을 두르고 양파와 마늘을 넣어 부드러워질 때까지 10분간 잔잔한 불에 익힌다.

4

라스 엘 하누트를 넣어 섞은 다음 향긋한 냄새가 날 때까지 2분간 익힌다.

라스 엘 하누트란?
라스 엘 하누트는 모로코의 고전 혼합 향신료로 시나몬, 커민, 코리앤더, 정향, 후추, 생강, 말린 꽃잎에 이르는 많은 재료를 섞어 만든다. 구하기 힘들 때는 이 향신료들을 섞어 대체할 수 있다.

5

토마토, 토마토 퓌레, 육수 500ml, 물기를 뺀 버터콩을 넣는다. 뚜껑을 닫고 한소끔 끓인 다음 뭉근하게 30분간 익히면 거의 다 익는다. 그동안 단호박 또는 땅콩호박의 껍질을 벗기고 씨를 제거한 다음 굵게 썬다. 애호박은 원한다면 껍질을 일부만 서로 간격을 띄워 길게 벗긴 다음 굵게 썬다. 장식을 위한 과정이므로 껍질을 벗기지 않은 채로 얇게 저며도 좋다.

6

팬에 애호박, 호박, 말린 과일을 넣고 채소가
부드러워지고 타진이 걸쭉한 소스처럼 될
때까지 20분간 뭉근하게 익힌다. 꿀을 넣어
섞는다.

7

기다리는 동안 세믈라 드레싱을 만들고
쿠스쿠스를 준비한다. 고수 잎을 굵게 다져
볼에 담는다. 고추를 곱게 다지고 남은 마늘을
으깬 다음 남은 올리브 오일과 함께 고수가
담긴 볼에 넣는다. 참깨는 조금 따로 덜어 두고
남은 것을 전부 볼에 더한다. 레몬은 제스트를
갈고 즙을 짠 다음 제스트 전량, 절반 분량의
레몬즙을 볼에 넣는다. 소금과 후추로 간을
한다.

세믈라란?
전통적으로 마리네이드로 사용하는 세믈라는
다진 생허브와 고추, 마늘, 오일, 레몬으로
만든다. 여기서는 같은 풍미를 사용해서
세믈라와 비슷한 드레싱을 만들어 요리를
마무리하는 용도로 사용한다.

8

쿠스쿠스를 만든다. 큰 볼에 쿠스쿠스와 남은
레몬즙을 섞는다. 버터를 작게 떼어 위에
군데군데 얹는다. 남은 육수를 한소끔 끓여
쿠스쿠스에 붓는다. 랩으로 단단하게 감싸서
10분간 그대로 둔다.

9

10분 후에 랩을 벗기고 포크로 쿠스쿠스를
푸슬푸슬하게 푼다. 쿠스쿠스에 소금과 후추로
넉넉하게 간을 한 다음 타진에 세믈라를
수 큰술 둘러서 함께 낸다. 남은 참깨를 뿌린다.

감자 로스트

준비 시간: 30분
조리 시간: 40~50분
넉넉한 6인분

겉은 바삭바삭하고 속은 포슬포슬한 감자
로스트가 없다면 진정한 전통 영국식 로스트
디너라 할 수 없다. 맛있는 감자 로스트를
만들려면 킹 에드워드처럼 식감이 포슬포슬한
분질 감자 품종을 사용해야 한다.● 진하고
고급스러운 풍미를 내는 거위 지방을 사용하면
최고의 맛을 낼 수 있다. 물론 다른 기름도
무방하며 이때는 식물성 오일이나 해바라기씨,
땅콩 오일 등 가볍고 풍미가 없는 종류를 쓴다.

감자 2kg(중)
거위나 오리 지방 100g 또는 식물성 오일,
　해바라기씨 오일, 땅콩 오일 100ml
천일염 플레이크 1½작은술

● 국내에서 재배되는 분질 감자로는 남작이나 두백 품종이
　있다.

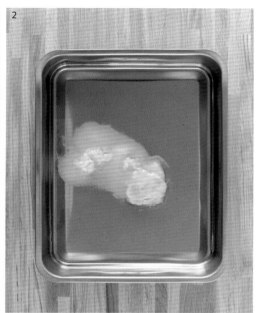

1

오븐을 220℃로 예열한다. 감자는 껍질을 벗기고 4등분하거나 작은 달걀 크기로 적당히 썬다. 큰 냄비에 감자를 넣고 찬물을 잠기도록 붓는다. 강한 불에 올리고 한소끔 끓인 후(찬물로 시작하면 10분 정도 걸린다.) 소금 ½작은술을 더하고, 물이 부글부글 끓으면 불 세기를 살짝 낮춘 다음 2분간 삶는다.

2

감자를 삶는 동안 큰 로스팅 팬에 거위 지방이나 식물성 오일을 두른다. 오븐에 넣어 뜨겁게 데운다.

3

감자를 채반에 밭치고 물기를 충분히 뺀다. 그대로 5분간 둔다. 감자에서 김이 빠지면서 살짝 건조한 상태가 된다. 감자를 다시 냄비에 넣고 뚜껑을 닫아 꽉 잡은 다음 냄비 채로 가볍게 흔들어 감자를 데굴데굴 굴린다. 감자 로스트를 바삭하고 포슬포슬하게 만들기 위한 과정이다.

4

로스팅 팬을 아주 조심스럽게 오븐에서 꺼내고 감자를 녹은 지방 또는 오일 위에 조심스럽게 얹는다. 살짝 굴려 골고루 기름기를 묻힌 다음 남은 소금으로 간을 한다.

5

중간에 한 번 뒤집어 감자가 바삭하고 노릇해지도록 40분간 굽는다. 정확한 조리 시간은 감자 품종과 크기에 따라 달라지므로 10분 정도는 상태를 보고 조절해야 한다. 바로 낸다.

그린 샐러드와 비네그레트

준비 시간: 5분
4~6인분 (2배 이상 조리 용이)

소박한 양상추마저 풍미 가득한 샐러드로
만들어 주는 레시피다. 일단 한번 직접
비네그레트를 만들어 보면 다시 사서 쓰기는
힘들 것이다.

마늘 1쪽
마일드 올리브 오일 2큰술
엑스트라 버진 올리브 오일 1큰술
레드 또는 화이트 와인 식초 1큰술
디종 머스터드 1작은술
양상추 또는 선호하는 샐러드 채소 1통(중)
소금과 후추

1

2

1

마늘을 으깬다. 소형 단지나 돌려 잠그는 마개 병에 마늘, 오일, 식초, 머스터드를 담는다.

2

포크로 휘젓거나 병의 마개를 단단히 잠근 다음 흔들어 모든 재료를 잘 섞는다. 걸쭉하고 매끄러워지면 완성이다. 소금과 후추로 간을 맞춘다.

드레싱 보관하기
드레싱은 대량으로 만들어 병에 담아 냉장고에서 2주일까지 보관할 수 있다. 먹기 전에 잘 흔들어 사용한다.

3

양상추 잎을 뜯어 큰 그릇에 담고 드레싱을 붓는다. 손이나 샐러드용 집게로 양상추를 뒤집어 가며 드레싱을 꼼꼼하게 묻힌다. 전체적으로 골고루 버무린 다음 바로 낸다.

양상추 손질하기
양상추를 씻어 말릴 때는 볼에 찬물을 채우고 양상추를 넣는다. 살살 휘저어 씻은 다음 물을 버린다. 양상추를 채소 탈수기에 돌려 물기를 제거하거나 깨끗한 행주 또는 종이 행주로 두드려 말린다.

3

라타투이

준비 시간: 15분

조리 시간: 1시간 10분

4~6인분

라타투이는 양고기 또는 기타 고기 로스트
요리에 멋지게 어우러지는 곁들임 요리로
뜨겁게 혹은 따뜻하게, 아니면 실온으로 낼
수도 있다. 주로 가스레인지에서 조리하지만
다음 레시피처럼 오븐에서 구우면 최소한의
노력으로 라타투이를 완성할 수 있으며, 채소의
풍미가 강렬해지는 사이에 다른 요리를 만들
수도 있다.

빨강 파프리카 1개

노랑 파프리카 1개

애호박 2개(총 약 300g)

가지 1개(대) 또는 2개(소)

마일드 올리브 오일 3큰술

양파 1개

마늘 2쪽

통조림 다진 토마토 600g(대, 소 1통씩)

생바질 잎 1줌

소금과 후추

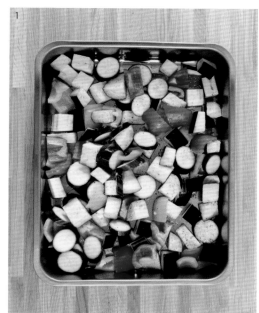

1

오븐을 200℃로 예열한다. 파프리카는 씨를
빼고 속살만 굵게 깍둑 썬다. 애호박은 두껍게
썰고 가지는 굵게 깍둑 썬다. 손질한 채소를
큰 로스팅 팬에 담고 오일을 두른 후 소금과
후추를 뿌린다. 골고루 버무려 20분간 굽는다.

그동안 양파와 마늘을 얇게 저민다. 20분간
익힌 채소에 양파와 마늘을 넣고 버무린다.
양파가 부드러워지고 채소가 노릇해 질 때까지
20분 더 굽는다.

2

채소 팬에 토마토를 넣고 가장자리가 지글거릴
때까지 10분 더 굽는다.

3

바질 잎을 찢어 라타투이에 뿌리고 소금과
후추로 간을 한 다음 따뜻하거나 뜨겁게 또는
실온으로 식혀서 낸다.

감자 오븐 구이

준비 시간: 10분
조리 시간: 40분
4인분 (8인분 또는 2인분 조리 용이)

냉동 감자튀김 한 봉지를 오븐에 구울 바에는
차라리 날감자를 꺼내 직접 만들어 보자.
건강에도 좋고 맛있는 데다 경제적이기까지
하다.

감자(남작이나 두백 품종) 4개(대, 각 약 200g)
해바라기씨 오일 또는 식물성 오일 2큰술
천일염 플레이크 ½작은술, 양념용 여분

1

2

1

오븐을 220℃로 예열한다. 감자 껍질은 벗기지 않는다. 감자는 각각 길게 반 자른 다음 다시 쐐기 모양으로 4등분해 총 8조각을 낸다. 베이킹 트레이에 담는다. 가능하면 들러붙음 방지 코팅 제품을 사용한다.

2

감자에 오일을 두르고 손으로 골고루 버무린다. 중간에 한 번 뒤집으면서 감자를 40분간 굽는다. 뒤집개를 이용하면 좋다.

3

감자가 전체적으로 노릇하고 껍질이 바삭해지면 소금을 뿌린다. 바로 낸다.

변주

매콤한 감자 구이를 만들고 싶다면 감자를 오일에 버무릴 때 파프리카 가루와 칠리 파우더를 살짝 뿌린다.

3

글레이즈를 입힌 당근

준비 시간: 10분

조리 시간: 15분

4~6인분

당근의 풍미를 제대로 응축시키는 조리법으로, 심심하게 그냥 삶은 당근보다 훨씬 인상 깊은 모양새를 자랑한다. 구할 수만 있다면 어린 통당근을 사용하되, 2번 과정에서 조리 시간을 상당히 단축해야 한다는 점을 명심하자.

당근 800g

버터 25g

설탕 2작은술

생이탈리안 파슬리 1줌

소금과 후추

1

당근을 1cm 두께로 둥글게 썬다. 중형 팬에 담고 버터, 설탕, 물 4큰술을 넣는다. 팬을 강한 불에 올리고 한소끔 끓인다. 일단 끓으면 중간 불로 낮추고 딱 맞는 뚜껑을 덮은 다음 10분간 당근을 익힌다. 뚜껑을 연다. 당근은 거의 부드러워진 상태일 것이다.

2

뚜껑을 연 채로 5분간 끓여 국물이 거의 날아가고 당근이 반짝거리도록 한다. 중간중간 휘저어 버무린다. 소금과 후추로 간을 한다.

3

파슬리 잎을 굵게 다져 당근에 넣고 잘 섞는다. 접시에 담는다.

다른 허브 사용하기

당근을 닭고기에 곁들일 예정이라면 파슬리 대신 다진 타라곤을 약간 섞어 보자. 다진 민트를 사용하면 양고기와 특히 잘 어울린다.

코울슬로

준비 시간: 15분
4~6인분

마요네즈 드레싱에 요구르트를 더해 산뜻하게
만든 코울슬로. 부드럽고 진한 맛은
여전하지만 칼로리가 낮고, 채소의 식감을
해치지도 않는다.

흰 양배추 1개(소, 약 400g)
당근 1개
적양파 1개
양질의 마요네즈 5큰술
플레인 요구르트(저지방 또는 일반) 5큰술
디종 머스터드 1작은술
레드 와인 식초 1작은술
생골파 1줌
소금과 후추

1

양배추는 심을 기준으로 2등분한 다음 다시
반으로 잘라 총 4등분한다. 제일 바깥쪽 껍질
두어 장은 뜯어내 버린다. 질긴 심은 자르고 남은
양배추는 곱게 채 썬다.

2

당근은 껍질을 벗기고 굵게 간다. 양파는 뿌리를
기준으로 2등분한 후 다시 반으로 잘라 총
4등분한 다음 얇게 채 썬다. 볼에 당근, 양파,
양배추를 넣고 잘 섞는다.

3

작은 볼에 마요네즈, 요구르트, 머스터드,
식초를 잘 섞어 부드러운 드레싱을 만든다.
골파를 주방 가위로 잘라 넣는다. 잘 섞은 다음
소금과 후추로 간을 한다.

4

드레싱과 채소를 골고루 버무린다. 바로 내거나
냉장고에서 24시간까지 차갑게 보관할 수 있다.

변주
치즈 코울슬로를 만들려면 체다 치즈 100g을
갈아 함께 섞는다.

회향 코울슬로를 만들려면 양배추 대신 회향
2개를 사용한다.

월도프 슬로를 만들려면 잘게 썬 사과 1개
분량과 호두, 반으로 가른 포도를 각각 1줌씩
더한다. 원한다면 잘게 썬 셀러리를 조금 섞어도
좋다.

마늘빵

준비 시간: 20분
조리 시간: 20분
6인분

살짝 복고풍인 마늘빵은 정통 이탈리아 음식도
프랑스 음식도 아니지만 어쨌든 맛은 좋으며,
특히 푸짐한 라자냐(248쪽 참조)나 볼로네제
소스 탈리아텔레(262쪽 참조)에 곁들이면
끝내준다.

굵은 마늘 1쪽, 마늘 향을 좋아한다면 2쪽
생이탈리안 파슬리 1단(소)
생바질 1단(소)
부드러운 무염 버터 80g
바게트 1개(대) 또는 2개(소)
소금과 후추

1

2

3

4

5

1

오븐을 200℃로 예열한다. 마늘은 으깨고 파슬리와 바질 잎은 곱게 다진다. 작은 볼에 버터를 담고 마늘, 파슬리, 바질을 섞은 다음 소금과 후추로 간을 하고 잘 섞는다.

2

바게트가 길면 오븐에 넣을 수 있도록 반으로 자른다. 톱니칼을 이용해서 빵에 2.5cm 너비로 깊게 칼집을 넣는다. 빵을 끝까지 자르지 않도록 주의한다.

3

식사용 칼로 빵에 낸 칼집 속에다 마늘 버터를 넉넉히 바른다. 남은 마늘 버터는 빵 윗부분에 펴 바른다.

4

큼직한 알루미늄 포일에 빵을 얹는다. 포일을 여며 빵을 완전히 감싼다.

5

빵을 베이킹 시트에 얹고 15분간 굽는다. 꺼내서 포일을 열고 빵 윗부분이 드러나도록 한 다음 다시 5분간 굽는다. 윗부분이 노릇하고 바삭하며 버터는 녹은 상태일 것이다. 그대로 내거나 칼집을 기준으로 3개씩 잘라서 낸다.

감자 도피누아

준비 시간: 25분
조리 시간: 1시간~1시간 15분
6인분

단순하기 그지없지만 심히 맛있는 감자
도피누아는 로스트한 고기나 스테이크에
곁들이기 좋은 탁월한 곁들임 요리로, 미리
만들어 둘 수 있어 손님 초대에 내놓기도 좋다.
다음 레시피에서는 농후한 맛을 적당한 수준으로
조절했으니, 원한다면 취향에 따라 크림 양을
늘리고 우유를 줄여도 좋다.

더블 크림 400ml
우유(전지유) 300ml
마늘 1쪽
너트메그(통) 1개, 갈아서 쓸 것
분질 감자(남작이나 두백 품종) 1.5kg(중)
버터 1큰술
그뤼에르 또는 체다 치즈 80g
소금과 후추

1

중형 팬에 크림과 우유를 담는다. 마늘을
으깨서 팬에 넣고 한소끔 끓인다. 작은 기포가
팬 가장자리에 퐁퐁 올라오기 시작하면 바로
불에서 내린다. 너트메그 ¼작은술 분량을 곱게
갈아 팬에 넣고 최소한 10분간 향을 우려낸다.

2

그동안 감자 껍질을 벗기고 약 3mm 두께로
저민다. 감자를 도마에 고정시키기 힘들면
먼저 반으로 자른다. 그런 다음 도마에 납작한
단면이 아래로 가도록 엎어서 저민다.

3

오븐을 180℃로 예열한다. 큰 베이킹 그릇 안쪽에 버터를 바른다. 그릇 바닥에 감자를 한 켜 깔고 소금과 후추로 간을 한다. 감자가 전부 떨어질 때까지 같은 과정을 반복한다.

4

너트메그 향 크림을 감자 위에 붓는다. 제일 위쪽 감자만 크림 위로 살짝 튀어나오도록 잠겨야 하지만, 베이킹 그릇의 깊이와 넓이에 따라 크림이 부족할 수도 있다. 필요하면 크림을 더 붓는다. 치즈를 갈아 감자 위에 뿌린다.

5

감자 윗부분이 노릇하고 보글거리며 감자가 부드러워질 때까지 1시간 정도 굽는다. 칼로 가운데를 찔러서 다 익었는지 확인한다. 아래쪽까지 쉽게 푹 들어가야 한다. 덜 익었는데 윗부분은 이미 노릇하다면 알루미늄 포일을 덮어 15분 더 굽는다. 오븐에서 꺼낸 다음 2~3분간 그대로 두어 감자가 자리를 잡도록 한 다음 낸다.

따뜻한 깍지콩 샐러드

준비 시간: 10분
조리 시간: 10분
4~6인분

삶거나 찐 녹색 채소가 영 지루하게
느껴진다면, 다음 레시피를 따라서 소박한
깍지콩으로 로스트 치킨에 완벽하게 어울리는
특별한 곁들임 요리를 만들어 보자. 실온으로
또는 따뜻하게 낸다.

얇은 염장 건조 줄무늬 베이컨 4장
마일드 올리브 오일 1작은술
질 좋은 깍지콩 500g
소금 ½작은술
샬롯 2개 또는 적양파 ½개(소)
홀그레인 머스터드 2작은술
레드나 화이트 와인 식초 또는 사과주 식초
　　2큰술
소금과 후추

1

베이컨을 칼로 작게 썰거나 주방 가위로 작게 자른다. 프라이팬을 중간 불에 올리고 오일을 두른다. 30초 후에 베이컨을 넣는다.

2

베이컨이 바삭하고 노릇하게 익으면서 기름기가 녹아 나올 때까지 10분간 튀기듯이 굽는다.

3

베이컨을 굽는 동안 중형 냄비에 물을 한소끔
끓인다. 깍지콩의 끝부분을 다듬고 가느다란
윗부분은 그대로 둔다. 끓는 물에 소금 간을
하고 깍지콩을 넣는다. 다시 한소끔 끓인 다음
깍지콩이 부드러워질 때까지 5분간 삶는다.

4

그동안 샬롯 또는 양파의 껍질을 벗기고 곱게
다지거나 채 썬다.

5

깍지콩을 하나 먹어 봐서 원하는 만큼
익었는지 확인한다. 채반에 밭친다. 베이컨
팬에 샬롯 또는 양파, 머스터드, 식초를 넣어
섞은 다음 후추와 소량의 소금으로 간을 한다.
깍지콩을 팬에 넣는다.

6

깍지콩과 드레싱을 골고루 버무려 낸다.

겨울 채소 메이플 시럽 로스트

준비 시간: 15분

조리 시간: 50분

4~6인분

겨울이 제철인 뿌리채소는 삶아서 조리하면 풍미와
맛 성분이 물에 녹아 손실된다. 하지만 오븐에
구우면 풍미가 강해지고 껍질이 바삭해진다.
취향에 따라 셀러리악, 고구마, 땅콩호박,
돼지감자로 만들어도 좋다. 이 책에 소개하는 어떤
로스트 요리와도 잘 어울리는 곁들임 요리다.

스웨덴 순무 1개(중, 총 약 600g)

파스닙 4개(중, 총 약 600g)

당근 5개(중, 총 약 600g)

마일드 올리브 오일 4큰술

마늘 6쪽

생로즈메리 줄기 2개

메이플 시럽 또는 액상 꿀 1큰술, 취향에 따라
    추가

소금과 후추

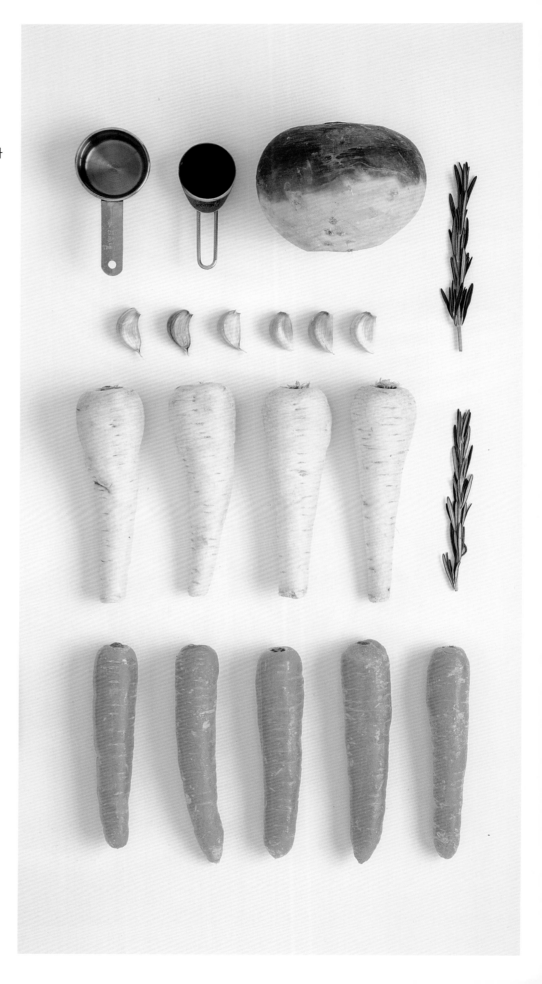

1

오븐을 220℃로 예열한다. 스웨덴 순무는
껍질을 벗기고 파스닙과 당근은 껍질째 문질러
씻는다. 모든 뿌리채소를 약 3cm 크기로 굵게
썬다. (가능하면 들러붙음 방지 코팅된) 큰
로스팅 팬에 담는다. 양이 매우 많아 보이지만
오븐에서 구우면 부피가 상당히 줄어든다.
올리브 오일을 두르고 손으로 골고루 버무린다.
소금과 후추를 넉넉히 뿌려서 간을 한다.
채소가 부드러워지기 시작할 때까지 30분간
굽는다.

2

그동안 로즈메리 줄기에서 잎을 떼어 곱게
다진다. 마늘쪽(껍질째)과 로즈메리를 채소
팬에 더해 버무린다. 팬을 다시 오븐에 넣고
채소가 부드럽고 가장자리가 노릇해질 때까지
20분 더 굽는다. 마늘은 종이 같은 껍질 속에서
부드럽게 익을 것이다.

3

채소가 아직 지글지글 소리가 날 정도로 뜨거울
때 메이플 시럽이나 꿀을 두른다. 바로 낸다.
마늘을 한 사람당 한 쪽씩 배분해서 부드러운
속살만 쭉 짜서 먹을 수 있도록 한다.

버터에 익힌 녹색 채소

준비 시간: 5분
조리 시간: 8~10분
6인분

요리 생초보에게는 세상에서 제일 쉬운 채소
요리도 신기하게 보일 것이다. 재료의 분량과
상관없고, 다른 녹색 채소로도 손쉽게 만들 수
있는 간편한 조리법을 소개한다.

브로콜리 1개
서양 대파 3개
버터 25g, 취향에 따라 곁들임용 추가
올리브 오일 1작은술
냉동 프티트 포 완두콩 300g
소금과 후추

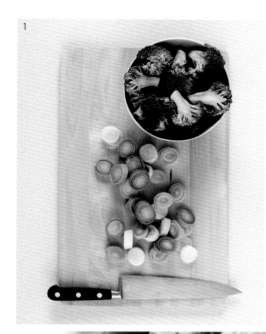

1

냄비에 물을 담고 한소끔 끓인 후 소금 간을 한다. 그동안 브로콜리를 송이로 나눈 다음 너무 큰 것은 반으로 자른다. 서양 대파는 약 5mm 두께로 둥글게 송송 썬다.

2

프라이팬에 버터와 오일을 달구고 서양 대파를 넣는다. 중간중간 뒤적이며 서양 대파가 적당히 부드러워질 때까지 중간 불에 5분간 익힌다.

3

그동안 브로콜리를 끓는 물에 넣는다. 다시 한소끔 끓인 다음 2분간 익힌다. 완두콩을 넣고 다시 한소끔 끓인다. 브로콜리는 적당히 부드럽고 완두콩은 달콤하며 색이 선명해야 한다. 채반에 밭쳐 물기를 충분히 거른다. 완두콩과 브로콜리를 프라이팬에 넣고 부드러운 서양 대파와 함께 골고루 버무린다. 소금과 후추로 간을 하고 원한다면 여분의 버터를 한 덩이 곁들여 낸다.

사과 파이

준비 시간: 35분 + 식히기와 굳히기 45분
조리 시간: 40분
8인분

크고 소박한 사과 파이를 만들어 가을을 반갑게
맞이해 보자. 취향에 따라 필링에 블랙베리를
한 줌 더해도 좋고, 커스터드나 되직한 크림을
곁들여 맛있게 먹어 보자.

쇼트크러스트 페이스트리 반죽(212쪽 참조)
    2개 또는 시판 스위트 디저트용 페이스트리
    2개(각 375g 들이)
레몬 1개
새콤한 생식용 사과(홍옥 등) 1.5kg
정제 황설탕 50g + 1큰술
밀가루 1큰술 + 덧가루용 여분
시나몬 가루 1작은술(선택 사항)
달걀 1개(중, 선택 사항)
커스터드나 크림 또는 아이스크림,
    곁들임용(선택 사항)

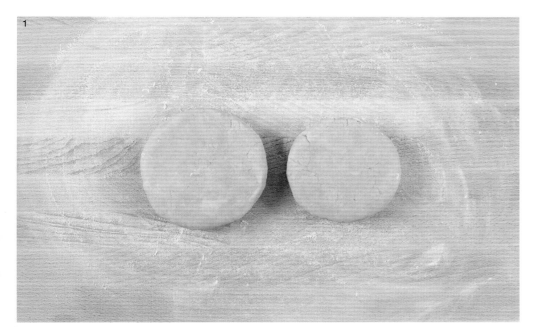

1

페이스트리 2개를 원반 모양으로 다듬되, 하나를 조금 더 크게 만든다. 랩에 싸서 냉장고에 넣고 단단하지만 딱딱하지 않도록 30분간 차갑게 식힌다. 시판 페이스트리는 그대로 사용한다.

2

그동안 레몬즙을 짜서 큰 냄비에 붓는다. 사과는 껍질을 벗기고 심을 제거한다. 과육을 2~3cm 크기로 큼직하게 썬다. 손질한 사과는 바로 냄비에 담아 레몬즙에 버무린다. 레몬즙을 더하면 사과의 갈변을 막을 수 있다.

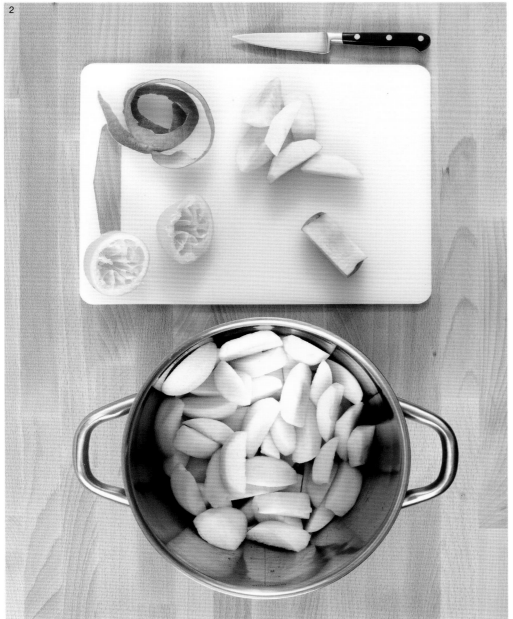

3

사과를 담은 냄비를 약한 불에 올리고 사과가
부드러워지기 시작하고 팬 바닥에 즙이 고일
때까지 5분간 천천히 익힌다. 사과를 채반에
밭쳐 수분을 제거하고 볼에 담은 후 설탕 50g,
밀가루, 시나몬 가루를 더해 조심스럽게 섞고
식힌다.

4

작업대와 밀대에 덧가루를 뿌린다. 밀대로
페이스트리를 같은 간격으로 가볍게 눌러 홈을
판 다음 직각으로 돌려 다시 같은 간격으로
가볍게 누른다. 페이스트리가 약 1cm 두께가
될 때까지 같은 과정을 반복한다. 그러면
페이스트리가 질겨지지 않도록 펼 수 있다.

5

바닥이 분리되는 지름 23cm의 원형 파이 틀
또는 접시를 준비한다. 페이스트리를 고정시킬
수 있도록 가장자리가 있는 틀을 사용해야
한다. 이제 페이스트리를 민다. 밀대를 한
방향으로만 움직이면서 몇 번 밀고 나면
페이스트리를 직각으로 돌리는 과정을 반복해
약 3mm 두께로 민다. 페이스트리를 밀대에
감아 틀 위로 옮긴다.

6

수제 페이스트리를 사용한다면 앞서 분리한
달걀흰자를 사용한다. 시판 페이스트리를
사용한다면 이때 달걀을 깨서 흰자와 노른자를
분리한 다음 흰자만 사용한다. 흰자를 포크로
살짝 푼다. 제과용 솔을 달걀흰자에 담갔다가
페이스트리 가장자리에 가볍게 바른다.
그러면 바닥과 뚜껑의 페이스트리가 서로 잘
달라붙는다.

7

페이스트리를 깐 그릇에 사과를 살짝 봉긋하게
담는다.

8

4~5번 과정을 반복해 두 번째 페이스트리를
파이 위를 덮을 수 있을 정도로 크게 민다.
페이스트리를 사과 위에 조심스럽게 덮어
가장자리를 눌러 여민다.

9

페이스트리 가장자리를 주방 가위 또는
날카로운 칼로 다듬고 사과 위쪽의
페이스트리에 칼집을 몇 군데 넣어 사과가 익는
동안 김이 빠져나올 구멍을 만든다.

10

엄지손가락으로 페이스트리 가장자리를
꼬집어서 물결 무늬를 낸다. 또는 페이스트리를
이파리 모양으로 여러 개 잘라내 달걀흰자를
살짝 발라 파이에 눌러 붙인다.

11

페이스트리 윗부분에 달걀흰자를 얇게 한
켜 고르게 바르고 남은 설탕 1큰술을 뿌린다.
15분간(또는 1일까지) 차갑게 굳힌다. 오븐을
190℃로 예열한다.

12

페이스트리가 전체적으로 짙은 갈색을 띨
때까지 40분간 굽는다. 사과와 즙이 자리를
잡고 페이스트리가 살짝 단단해질 때까지
최소한 30분간 재웠다가 썬다. 커스터드나
크림, 아이스크림 등을 곁들여서 따뜻하거나
차갑게 낸다.

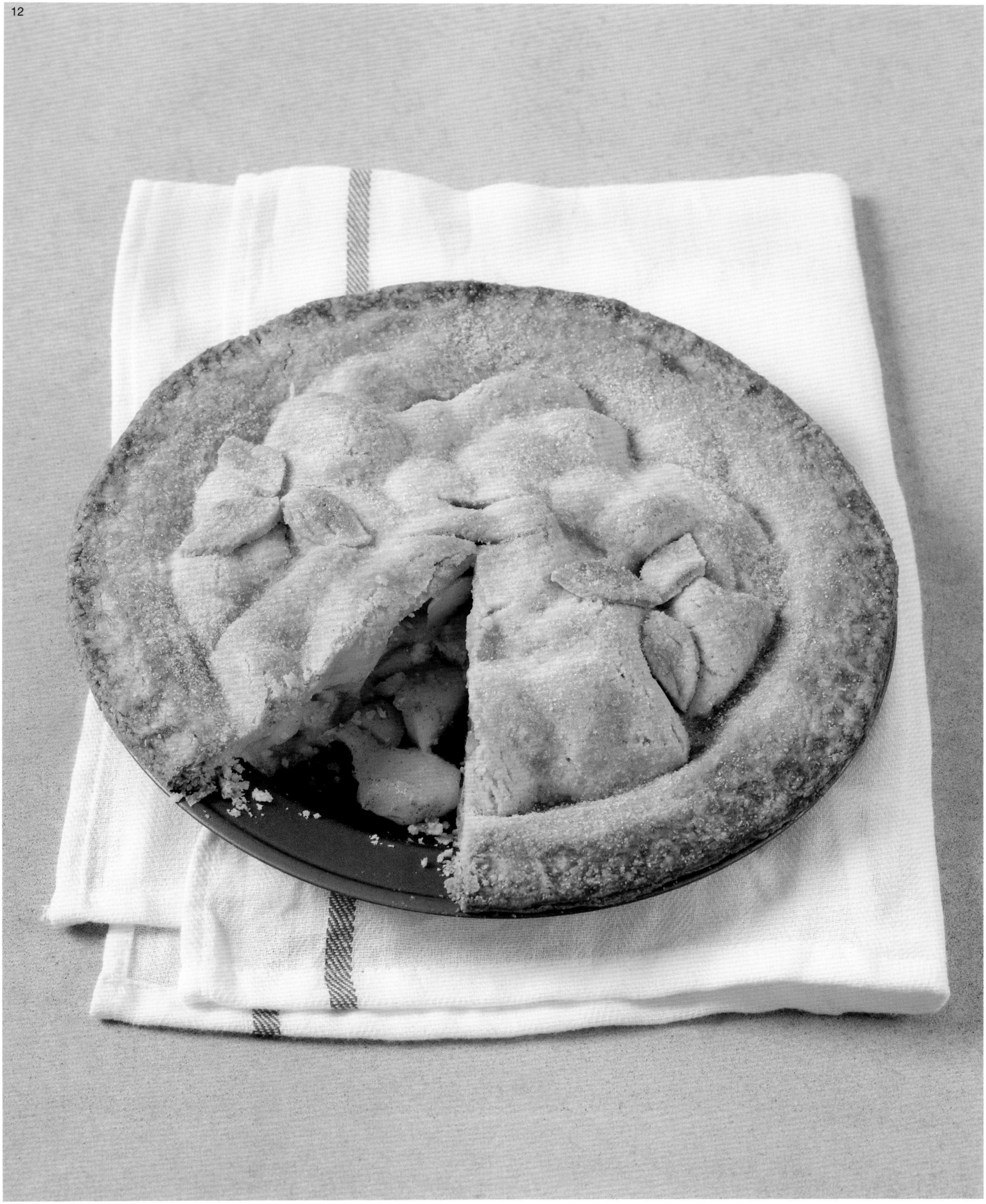

초콜릿 팟●

준비 시간: 10분 + 굳히기 10분 + 차갑게
굳히기 3시간
조리 시간: 5분
6인분

빠르게 만들 수 있고 비단처럼 부드러운 초콜릿
팟은 손님 접대에 내놓기 좋다. 쌉싸름하고
달콤한 맛을 내려면 반드시 카카오 함량이
70% 이상인 양질의 초콜릿 바를 사용해야
한다. 비스코티 같은 달콤한 비스킷을 곁들여서
맛있게 먹어 보자.

다크 초콜릿(코코아 70%) 200g
무염 버터 25g
갓 뽑은 아주 진한 커피 3큰술(또는 과립 커피
　　수북한 1작은술을 끓는 물 3큰술에 푼 것)
더블 크림 400ml, 곁들임용 여분(선택 사항)
달걀 2개(중)
비스코티, 곁들임용(선택 사항)

● 무스나 크림처럼 형태가 유지되지 않는 부드러운
　혼합물을 작은 컵 등에 담아 내는 디저트.

340

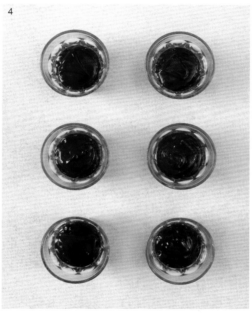

1

초콜릿을 잘게 부숴 큰 내열용 볼에 담는다.
군데군데 버터를 얹고 커피를 붓는다.

2

작은 팬에 크림을 붓고 중간 불에 올려 팬
가장자리에 작은 기포가 올라오고 김이 오를
때까지 데운다. 크림은 빠르게 끓어 넘치므로
팬을 잘 살피도록 한다. 뜨거운 크림을 초콜릿
버터 볼에 부어 10분간 그대로 둔다. 그동안
달걀의 흰자와 노른자를 분리해 노른자를
포크로 잘 푼다.

흰자와 노른자 분리하기
작은 볼의 가장자리에 껍질을 톡톡 두드려
금을 낸다. 금을 따라 최대한 깔끔하게
달걀 껍데기를 반으로 쪼개 한쪽 껍질로
노른자를 기울여 담는다. 흰자는 아래쪽 볼에
자연스럽게 흘러내리도록 한다. 다른 작은 볼에
노른자를 담는다.

3

크림과 초콜릿을 잘 저어 매끄럽고 고르게
섞는다. 노른자를 부어서 마저 잘 섞는다.

4

큰 숟가락으로 초콜릿 혼합물을 작은 컵이나
유리잔 6개에 나누어 담는다. 냉장고에서
차갑게 굳을 때까지 최소 3시간 정도 식힌다.
팟은 1일 전에 만들어 냉장 보관할 수 있다.
먹기 1시간 전에 냉장고에서 꺼내 약간
부드러워지도록 한다.

5

취향에 따라 초콜릿 팟 위에 크림을 약간 부어
낸다.

키 라임 파이

준비 시간: 30분 + 차갑게 굳히기 최소 4시간
조리 시간: 20분
8~10인분

맛있게 씹히는 감귤류 껍질과 달콤한 크림
토핑, 저항할 수 없는 포슬포슬한 생강맛 파이
껍질까지. 한 조각만으로 만족하기에는 너무나
아쉬운 파이다. 외양은 인상적이지만 사실은
아주 간단하게 만들 수 있다는 점에서 디너
파티에 더없이 잘 어울린다.

무염 버터 100g, 틀용 여분
진저 너트 비스킷◦ 1통(300g 들이)
라임 8개
달걀 2개(중)
연유 1통(397g 들이)
더블 또는 휘핑 크림 600ml
슈거파우더 1큰술

◦ 생강과 향신료 등을 넣어 만든 쿠키.

1

바닥이 분리되는 지름 23cm의 물결 모양
타르트 틀의 바닥과 옆면에 버터를 약간 바르고
둥글게 자른 유산지를 깐다. 오븐을 180℃로
예열한다. 작은 팬을 중간 불에 올린다.
버터를 넣어 녹인다. 비스킷을 잘게 부숴 푸드
프로세서 볼에 담고 곱게 간다. 또는 비스킷을
큰 봉지에 넣고 공기를 뺀 다음 밀봉한다.
밀대로 부숴 곱게 가루를 낸다.

2

푸드 프로세서를 켠 채로 비스킷 가루에 버터를
붓는다. 비스킷을 봉지에 담아 부쉈다면 볼에
옮겨 담고 녹인 버터를 넣어 섞는다. 완성한
크림은 젖은 모래처럼 보여야 한다.

3

버터 비스킷 혼합물을 준비한 틀에 붓고
숟가락 뒷면으로 바닥을 매끄럽게 다듬고 틀
가장자리까지 채운 후 단단하게 눌러 고르게
다듬는다.

4

틀을 베이킹 시트에 얹어 크러스트가 적당히
짙은 갈색으로 익을 때까지 10~15분간 굽는다.

5

그동안 필링을 만든다. 라임에서 제스트를 곱게
간 다음 소량을 덜어 장식용으로 따로 둔 다음
즙을 짠다. 제대로 새콤한 파이를 만들려면
라임 즙이 약 150ml 정도 필요하다. 볼에 라임
즙과 제스트, 달걀, 연유, 크림 300ml를 잘
섞는다.

6

구운 비스킷 틀에 필링을 붓는다. 필링의
가장자리는 굳고 가운데는 상당히 흔들릴
정도로 20분간 굽는다. 완전히 식힌 다음 최소
4시간에서 이상적으로는 하룻밤 동안 차갑게
굳힌다. 파이는 이 단계에서 랩으로 잘 싸서
2일까지 차갑게 보관할 수 있다. 내기 전에
크림을 얹는다.

7

나머지 크림과 슈거파우더를 섞어 거품기 또는
소형 전동 거품기로 뿔 모양을 느슨하게 유지할
정도로 거품을 낸다.

8

취향에 따라 파이를 틀에서 분리한다. 식사용
접시에 옮겨 필링 위에 크림을 펴 바르고 원하는
대로 휘저어 모양을 낸다.

9

남은 라임 제스트를 뿌려 낸다.

키 라임
작고 풍미가 강렬한 라임 품종으로 미국의 남부
지역에서 재배한다.

레몬과 양귀비 씨 드리즐 케이크

준비 시간: 20분
조리 시간: 45분
8조각 분량

케이크 만들기가 처음이라면 이 케이크로
시작해 보자. 새콤하고 산뜻한 파운드
케이크로, 사 먹는 것보다 맛있을 뿐더러
순식간에 간단하게 만들 수 있다. 레몬 시럽을
촉촉하게 발라 특유의 크러스트를 만들면 밀폐
용기에 며칠이고 보관해도 촉촉함이 유지된다.

부드러운 무염 버터 175g, 틀용 여분
무왁스 레몬 2개
정제 황설탕 175g, 드리즐용 4큰술
달걀 3개(중)
바닐라 추출액 1작은술
셀프 라이징 밀가루 225g
베이킹 파우더 1작은술
천일염 플레이크 ¼작은술
우유 3큰술
양귀비 씨 2작은술

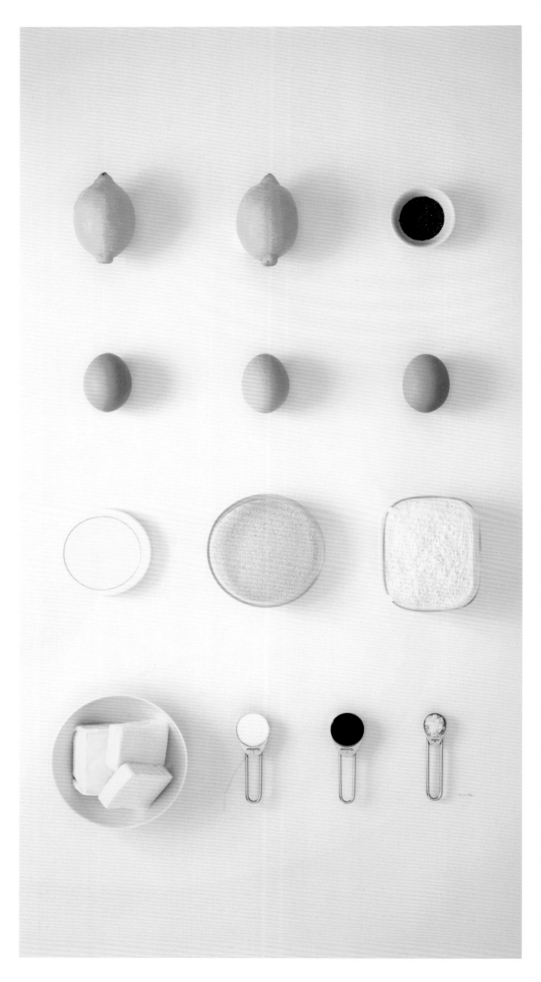

1

오븐을 180℃로 예열한다. 900g들이
들러붙음 방지 코팅 파운드 케이크 팬 안쪽에
버터를 약간 바르고 유산지를 한 장 길게 깔아
양쪽 가장자리로 늘어지도록 한다.

2

레몬은 제스트를 곱게 갈고 즙을 짠다.
즙과 제스트를 따로따로 보관한다.

3

큰 볼에 버터, 설탕, 달걀, 바닐라, 밀가루,
베이킹 파우더, 소금, 우유를 담는다. 소형 전동
거품기나 스탠드 믹서로 모든 재료를 잘 섞어
걸쭉하고 매끄러운 반죽을 만든다. 약 30초면
충분하다. 일단 액상 재료를 가루 재료와
섞고 나면 너무 오래 시간을 끌지 않는 것이
중요하다.

4

볼에 양귀비 씨와 절반 분량의 레몬 제스트를
넣고 섞는다. 유산지를 깐 틀에 반죽을 붓고
스패출라로 볼을 깨끗하게 훑는다. 틀에 담은
반죽 윗부분을 살짝 평평하게 고른다.

5

케이크가 노릇하고 잘 부풀어서 만지면 탄력이
느껴질 때까지 45분간 굽는다. 케이크가
익었는지 확인하려면 꼬치로 가운데를 찔러
본다. 깨끗하게 빠져 나오면 다 익은 것이다.
반죽이 꼬치에 묻어 나온다면 다시 오븐에서
10분간 구운 다음 재확인한다. 틀에서 빼지
않은 채로 케이크를 식힌다. 레몬즙과 남은
제스트, 남은 설탕을 잘 섞어 케이크가 아직
따뜻할 때 위에 골고루 바른다. 완전히 식힌다.
레몬과 설탕이 굳어 새콤하고 하얀 크러스트가
된다.

6

잘라서 낸다.

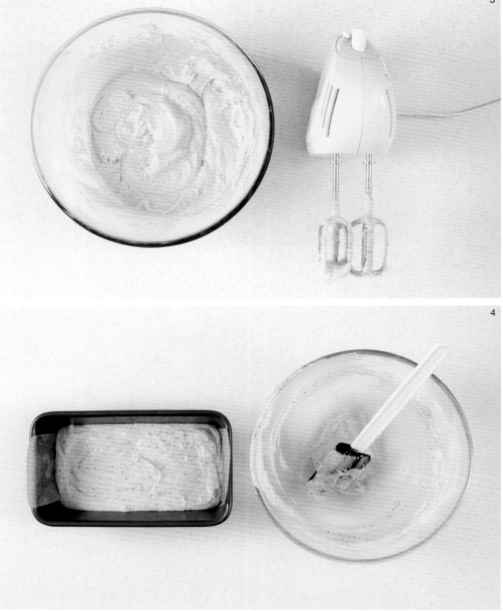

레몬 타르트

준비 시간: 50분 + 차갑게 굳히기 40분 +
식히기
조리 시간: 45분
12인분

새콤한 레몬 커스터드와 바삭하고 달콤한
페이스트리가 만난 수제 레몬 타르트는 궁극의
디저트이자 애프터눈 티의 별미 메뉴다. 시판
페이스트리로 만들고 싶다면 슈퍼마켓의
냉장 또는 냉동 코너에서 스위트 디저트용
페이스트리 1개(375g짜리)를 구입해 5번
과정부터 진행한다.

페이스트리용 재료
달걀 1개(중)
밀가루 175g, 덧가루용 여분
천일염 플레이크 ¼작은술
차가운 무염 버터 100g
정제 황설탕 2큰술

필링 재료
무왁스 레몬 4개
더블 크림 300ml
달걀 6개(중)
정제 황설탕 200g
슈거파우더, 장식용(선택 사항)

1

우선 페이스트리를 만든다. 달걀은 흰자와 노른자를 분리한다. 노른자에 얼음물 2큰술을 더해 포크로 잘 푼다. 푸드 프로세서 볼에 밀가루를 담고 소금을 더한다. 버터를 깍둑 썰어 밀가루 위에 뿌린다.

흰자와 노른자 분리하기
작은 볼의 가장자리에 껍질을 톡톡 두드려 금을 낸다. 금을 따라 최대한 깔끔하게 달걀 껍데기를 반으로 쪼개 한쪽 껍질로 노른자를 기울여 담는다. 흰자는 아래쪽 볼에 자연스럽게 흘러내리도록 한다. 다른 작은 볼에 노른자를 담는다.

2

버터와 밀가루가 잘 섞여 아주 고운 빵가루 같은 상태가 되어 버터가 뭉친 곳이 눈에 띄지 않을 때까지 10초 정도 섞는다. 설탕을 더해 짧은 간격으로 돌린다.

3

노른자 혼합물을 푸드 프로세서에 더해 반죽이 한 덩어리로 뭉칠 때까지 1초 간격으로 돌린다.

푸드 프로세서가 없다면?
시간이 오래 걸리더라도 밀가루와 버터를 손끝과 엄지로 비비면서 빵가루 같은 상태가 될 때까지 섞어 직접 페이스트리를 만들 수 있다. 중간에 반죽이 따뜻하게 느껴지면 5분간 차갑게 식힌 다음 다시 진행한다. 밀가루와 버터 혼합물에 달걀을 최대한 고르게 부은 다음 식사용 칼로 반죽을 섞어 한 덩어리로 뭉친다. 부드럽고 포슬포슬한 페이스트리를 만드는 요령은 너무 많이 섞지 않고 차가운 온도를 유지하는 것이다.

4

작업대에 반죽을 얹어 납작한 원반 모양으로 다듬는다. 랩에 싸서 냉장고에 넣고 단단하지만 딱딱하지는 않을 정도로 최소한 30분간 차갑게 굳힌다.

5

작업대와 밀대에 덧가루를 뿌린다. 바닥이 분리되는 지름 23cm의 원형 타르트 틀을 준비한다. 밀대로 페이스트리를 같은 간격으로 가볍게 눌러 홈을 판 다음 직각으로 돌려 다시 같은 간격으로 가볍게 누른다. 페이스트리가 약 1cm 두께가 될 때까지 같은 과정을 반복한다. 그러면 페이스트리가 질겨지지 않도록 펼 수 있다.

6

이제 페이스트리를 민다. 밀대를 한 방향으로만 움직이면서 몇 번 밀고 나면 페이스트리를 직각으로 돌리는 과정을 반복해 약 3mm 두께로 민다. 페이스트리를 밀대에 감아 틀 위로 옮긴다.

7

페이스트리를 조심스럽게 틀에 채운 다음 손가락 관절을 이용해 틀 가장자리에 가볍게 눌러 붙인다.

8

페이스트리 윗부분을 주방 가위로 잘라내 틀 바깥으로 1cm 정도 늘어지도록 한다. 베이킹 시트에 올리고 냉동고에서 페이스트리가 단단하게 느껴질 정도로 10분간 차갑게 굳힌다. (시간 여유가 있다면 조금 더 오래 두어도 좋다.) 오븐 선반을 가운데로 옮기고 오븐을 180℃로 예열한다.

9

황산지 1장을 틀을 완전히 덮을 정도로 큼직하게 뜯어서 페이스트리에 걸치듯이 얹는다. 가장자리를 구겨 모양을 잡은 다음 페이스트리를 완전히 덮는다. 황산지 안에 누름돌을 한 켜 깔고 가장자리에는 약간 더 쌓은 다음 시트에 얹은 채로 페이스트리를 오븐에 넣어 20분간 굽는다.

반죽이 찢어지면?
반죽이 찢어지거나 작은 구멍이 나도 당황하지 말자. 여분의 반죽을 약간 뜯어내 적신 다음 눌러 붙여 구멍을 메운다.

누름돌
누름돌은 사실 작은 구슬 모양의 도자기로 페이스트리를 굽는 동안 반죽을 눌러 모양을 유지하도록 만드는 역할을 한다. 도자기 구슬이 제일 효과적이지만, 말린 병아리콩이나 쌀로 대체할 수 있다. 콩이나 쌀은 한 번 쓰고 나면 식혀서 누름돌 용도로만 재사용할 수 있다.

10

종이와 누름돌을 제거한다. 페이스트리는 옅은 색에 건조하게 느껴지며 가장자리는 노릇해야 한다. 다시 오븐에 넣고 바닥이 갈색을 띌 때까지 15분 더 굽는다. 오븐에서 꺼낸다. 오븐 온도를 150℃로 낮춘다.

11

페이스트리를 굽는 동안 필링을 만든다. 레몬에서 제스트를 곱게 갈아내 따로 둔다. 레몬에서 즙을 짜서 볼에 담는다. 크림, 달걀, 설탕을 더해 포크로 잘 섞는다. 혼합물을 체에 걸러 큰 그릇에 담는다. 레몬 제스트를 넣어 섞는다.

12

오븐 선반을 약간 당겨 베이킹 트레이에 올린 타르트 틀을 얹는다. 페이스트리 위에 필링을 붓고 선반을 조심스럽게 밀어서 타르트를 다시 오븐에 넣는다. 타르트 필링이 베이킹 트레이를 흔들면 가운데가 살짝 흔들릴 정도로 굳을 때까지 45분간 굽는다.

13

타르트를 완전히 식힌다. 원한다면 가장자리 위로 올라온 반죽을 톱니칼로 전부 자른다. 타르트를 틀에서 꺼내려면 캔 또는 머그잔 위에 얹어 틀 가장자리를 가볍게 눌러 바닥 부분에 얹은 타르트만 남기고 쏙 빠져나오도록 한다. 타르트를 접시나 도마에 담고 취향에 따라 슈거파우더를 뿌려 낸다.

스티키 토피 푸딩

준비 시간: 20분

조리 시간: 약 30분

6~8인분

대추야자가 마법의 재료가 되어 푸딩에
수분과 단맛을 더한다. 끈적한 스티키 소스는
바닐라 아이스크림에 두르기만 해도 악마처럼
유혹적인 맛을 낸다.

씨를 뺀 대추야자 150g

부드러운 무염 버터 300g, 틀용 여분

마스코바도 황설탕 300g

달걀 4개(중)

바닐라 추출액 1작은술

믹스드 스파이스 1작은술

셀프 라이징 밀가루 150g

천일염 플레이크 ¼작은술

더블 크림 150ml

여분의 더블 크림 또는 아이스크림,
　　곁들임용(선택 사항)

1

작은 냄비에 대추야자를 담고 물을 딱 잠길
정도로 붓는다. 냄비를 중간 불에 올리고
한소끔 끓인다. 대추야자가 아주 부드러워질
때까지 5분간 삶는다.

2

대추야자를 체에 거르고 삶은 물은 버린다.
푸드 프로세서 볼에 옮겨 곱게 간다. 2~3분간
식힌다. 그동안 오븐을 180℃로 예열하고
20×30cm 크기의 베이킹 팬 또는 소형 로스팅
팬 안쪽에 버터를 약간 바른 후 유산지를 깐다.

틀에 유산지 까는 법
유산지를 준비한 틀보다 조금 큰 직사각형
모양으로 자른 다음 모서리마다 대각선으로
10cm 길이로 칼집을 넣는다. 유산지를 틀에
눌러 넣어 칼집을 넣은 부분이 서로 겹치며
봉해지도록 한다.

3

버터 200g과 설탕 200g을 계량해
대추야자를 담은 푸드 프로세서 볼에 더한다.
곱게 간다.

4

달걀, 바닐라, 믹스드 스파이스, 밀가루, 소금을
더해 부드러운 반죽이 될 때까지 돌린다. 준비한
틀에 반죽을 담는다. 오븐에서 푸딩이 잘
부풀어 노릇하게 될 때까지 30분간 굽는다.

5

푸딩이 익는 동안 끈적한 스티키 토피 소스를
만든다. 팬에 남은 설탕과 버터를 담는다.
크림을 더해 설탕이 녹을 때까지 5분간 아주
서서히 데운다.

6

불 세기를 높이고 혼합물이 걸쭉하고
매끄러우며 색이 진한 토피 소스가 될 때까지
10분간 뭉근하게 익힌다.

7

푸딩을 30분간 굽고 나면 꼬치로 가운데를
찔러 본다. 깨끗하게 빠져 나오면 완성된
것이다. 반죽이 꼬치에 묻어 나오면 5분 더 구운
다음 재확인한다.

8

푸딩을 사각형으로 잘라 접시에 담는다. 소스를
위에 두르고 여분의 크림이나 아이스크림을
곁들여 낸다. (360쪽 참조)

1인용 푸딩 만들기
작은 푸딩 틀 8개에 버터를 바르고 반죽을
채운다. 틀을 로스팅 팬에 담고 잘 부풀어
노릇하게 될 때까지 20분간 굽는다. 7번
과정처럼 꼬치로 찔러 확인한다.

바닐라 아이스크림과
초콜릿 소스

준비 시간: 20분 + 얼리기 10시간
조리 시간: 5분
6인분

아이스크림을 직접 만드는 것만큼 뿌듯한
일도 없다. 아래 레시피처럼 부드럽고 맛있는
결과물을 얻을 수 있다면 더욱 즐겁다.
특별한 도구는 필요하지 않지만, 아이스크림
기계가 있다면 미리 냉동해 두어야 하므로
아이스크림을 만들기 최소한 12시간 전에
냉동고에 넣어 둔다.

바닐라 빈 1개
달걀 6개(중)
정제 황설탕 100g
옥수수 전분 1작은술
더블 크림 300ml
우유(전지유) 300ml
인스턴트 과립 커피 1작은술
다크 초콜릿(코코아 70%) 100g
무염 버터 25g
골든 시럽● 1큰술

● 연한 당밀을 가공해 만든 끈끈하고 황갈색을 띠는 액상
  당류. 제과제빵에 주로 사용한다.

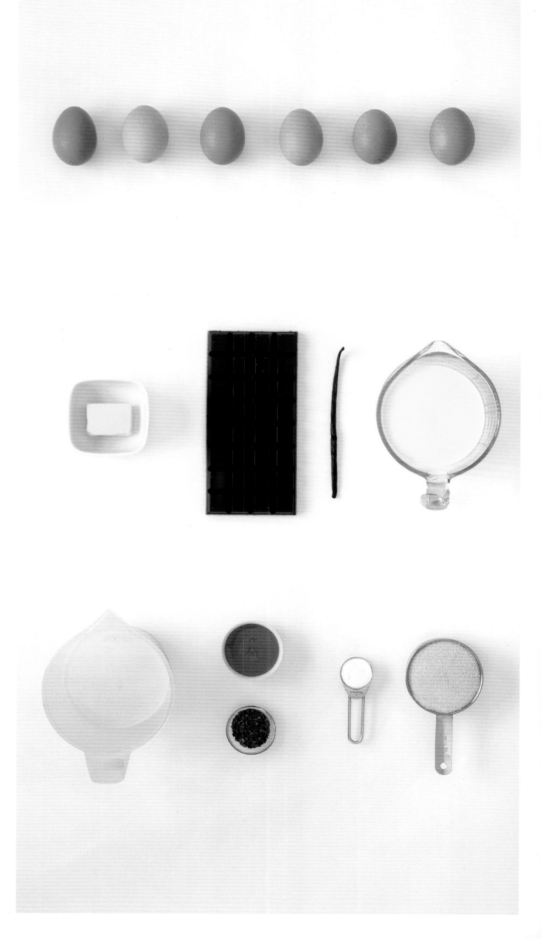

1

바닐라 빈에서 씨를 긁어낸다. 날카로운 소형 칼로 바닐라 빈에 세로로 길게 칼집을 넣는다. 칼로 반으로 자른 깍지 하나를 길게 긁어낸다. 씨가 칼날 끄트머리에 뭉쳐서 모일 것이다. 다른 반쪽으로 같은 과정을 반복한다.

2

달걀의 흰자와 노른자를 분리한 다음(243쪽 참조) 큰 볼에 노른자, 설탕, 바닐라 씨, 옥수수 전분을 담는다.

3

거품기 또는 소형 전동 거품기로 모든 재료가 잘 섞여 연한 색을 띠고 매끄러워질 때까지 휘젓는다.

4

중형 팬에 크림과 우유를 담고 한소끔 끓인다.

5

뜨거운 크림 우유 혼합물을 달걀 혼합물에 천천히 가늘게 부으면서 계속 휘저어 커스터드를 만든다.

6

팬을 재빨리 씻은 다음 커스터드를 다시 팬에 붓고 아주 약한 불에 올린다. 김이 오르고 살짝 걸쭉해질 때까지 쉬지 않고 저으면서 서서히 데운다. 나무 주걱 뒤에 묻은 커스터드를 그었을 때 선이 생기면 완성된 것이다.

커스터드가 덩어리진다면?
그냥 달걀이 살짝 과조리된 것이니 걱정하지 말자. 혼합물을 빠르게 체에 내려 차가운 볼에 담는다. 그러면 더 익는 것을 바로 막을 수 있다. 이어서 7번 과정을 진행한다.

7

커스터드를 오래된 아이스크림 통이나 베이킹
그릇처럼 냉동 가능한 큰 용기에 붓고 가능하면
얼음을 채운 다른 그릇 안에 넣어 완전히
식힌다.

8

식은 커스터드를 4시간 동안 냉동한다. 매
시간 커스터드를 꺼내 휘저어 용기 가장자리에
형성된 결정을 부순다. 커스터드가 걸쭉하고
매끄러우며 아이스크림에 가까운 상태가
되면 더 이상 젓지 않고 그대로 최소한 6시간,
가능하면 하룻밤 동안 냉동 보관한다.
아이스크림은 랩으로 단단히 싸서 2주일까지
냉동 보관할 수 있다.

아이스크림 기계가 있다면
기계를 돌리면서 차갑게 식힌 커스터드를
붓는다. 걸쭉하고 매끄러워질 때까지 돌린
다음(보통 약 30분) 냉동 가능한 용기에 담아서
완전히 얼린다.

9

초콜릿 소스를 만든다. 팬에 물을 반 정도
채워서 한소끔 끓인다. 주전자로 팔팔 끓인 물
5큰술에 커피를 녹인다. 초콜릿을 잘게 부숴
내열용 큰 볼에 담는다. 커피, 버터, 골든 시럽을
더한다.

10

볼을 바닥이 수면에 닿지 않도록 팬에 얹은
다음 자주 저으면서 골고루 녹아 매끄러워질
때까지 5분간 데운다.

11

약 10분 전에 아이스크림을 꺼내 살짝 부드럽게
만든 다음 둥글게 떠서 따뜻한 초콜릿 소스와
함께 낸다.

버터스카치 바나나브레드

준비 시간: 20분 + 식히기
조리 시간: 1시간 10분
8조각 분량

거무스름하게 변하기 시작하는 바나나를
처리하기 좋은 촉촉하고 속 든든한 케이크다.
브레드를 잘라 버터만 발라도 맛있으므로
프로스팅을 꼭 만들지 않아도 좋지만, 부드러운
토피● 맛이 매력적이니 한 번쯤 시도해 볼 만하다.

푹 익은 바나나 3개(중, 껍질 벗긴 무게 총 약
   300g)
부드러운 무염 버터 175g, 틀용 여분
마스코바도 황설탕 175g
천일염 플레이크 ½작은술
달걀 3개(중)
바닐라 추출액 1작은술
밀가루 100g
통밀가루 120g
베이킹 파우더 2작은술
다진 호두 50g, 필요시 장식용 여분
크림 치즈 100g

● 카라멜화한 설탕, 당밀, 버터, 밀가루 등으로 만드는 영국
  과자.

1

900g들이 파운드 케이크 틀 안쪽에 버터를 약간 바르고 길게 자른 유산지를 가장자리에 살짝 걸쳐지도록 깐다. 오븐을 160℃로 예열한다.

2

바나나는 껍질을 벗겨 볼에 담는다. 포크로 과육을 굵직하게 으깬다.

3

큰 볼에 바나나, 버터 120g, 설탕 120g, 소금, 달걀, 바닐라, 밀가루, 베이킹 파우더를 담고 소형 전동 거품기나 스탠드 믹서로 휘저어 매끄러운 반죽을 만든다.

통밀가루
빵에 고소한 맛과 질감을 더한다. 백밀가루만 사용해서 만들어도 상관없다.

4

호두를 넣고 섞은 다음 준비한 틀에 반죽을 붓는다.

5

바나나브레드가 노릇하게 부풀어 만지면
탄력이 느껴질 때까지 1시간 10분간 굽는다.
다 익었는지 확인하려면 꼬치로 제일 두꺼운
가운데 부분을 찔러 본다. 깨끗하게 빠져
나오면 케이크가 다 익은 것이다. 꼬치에 반죽이
묻어 나오면 10분 더 구운 다음 재확인한다.
틀에 담은 채로 10분간 식힌 다음 꺼내서
식힘망에 얹어 완전히 식힌다.

6

바나나브레드가 식으면 프로스팅을 만든다.
팬에 남은 버터와 설탕, 물 1큰술을 담는다. 아주
약한 불에 올려 설탕이 녹을 때까지 기다린다.
매끄러운 캐러멜 같은 상태가 될 때까지 3분간
뭉근하게 익힌다. 팬을 불에서 내려 식힌다.

7

볼에 크림 치즈를 담고 캐러멜을 붓는다.
휘젓거나 치대서 커피 색이 도는 부드러운
프로스팅을 완성한다.

8

바나나브레드에 프로스팅을 펴 바르고 취향에
따라 여분의 호두로 장식한다.

초콜릿 브라우니

준비 시간: 30분 + 식히기
조리 시간: 20~25분
약 15조각 분량

브라우니가 어울리지 않는 때와 장소는 없다.
커피를 마실 때도, 달콤한 아이스크림과 함께
먹을 때도 잘 어울린다. 생일 파티라면 더 말할
필요도 없다. 이상적인 브라우니는 아주아주
초콜릿 같은 맛이면서도 상당히 얇은 껍질과
입에 넣으면 바로 녹아 내리는 진득하고 뻑뻑한
속살이 어우러져야 한다.

무염 버터 175g
다크 초콜릿(코코아 70%) 200g
마카다미아 너트 50g(선택 사항)
달걀 4개(중)
정제 황설탕 250g
바닐라 추출액 1작은술
밀가루 100g
코코아 파우더 25g
천일염 플레이크 ½작은술

1

20×30cm 크기의 가장자리가 높은 틀 또는
소형 로스팅 팬에 버터를 골고루 바르고
유산지를 깐다. 오븐을 180℃로 예열한다.

틀에 유산지 까는 법
유산지를 준비한 틀보다 조금 큰 직사각형
모양으로 자른 다음 모서리마다 대각선으로
10cm 길이로 칼집을 넣는다. 유산지를
틀에 눌러 넣어서 칼집을 넣은 부분이 서로
겹쳐지도록 봉한다.

2

남은 버터를 작은 냄비에 담아 녹인다.
초콜릿을 깍둑 썰어 뜨거운 버터에 넣은 다음
냄비를 불에서 내린다. 5분 정도 그대로 두어
초콜릿을 녹인 다음 매끄럽게 저어 섞는다.
10분간 식힌다.

3

그동안 마카다미아 너트를 굵게 다진다. 큰
볼에 달걀, 설탕, 바닐라를 담고 소형 전동
거품기 또는 스탠딩 믹서로 옅은 색이 돌면서
걸쭉한 상태가 될 때까지 1분간 휘젓는다.

4

식힌 초콜릿 혼합물을 달걀에 부어 골고루
섞는다. 냄비 가장자리까지 깨끗이 닦아낼 수
있는 스패츌라를 사용하는 것이 좋다.

5

밀가루와 코코아 파우더를 체에 쳐 초콜릿
달걀 혼합물에 넣고 소금을 더한다.

초콜릿에 소금 뿌리기
소금과 초콜릿은 천상의 궁합으로, 서로의
풍미를 강화한다. 물론 소금은 아주 조금만
뿌려야 한다.

6

스패출라나 큰 숟가락을 이용해 가루 재료와
초콜릿 달걀 혼합물을 마른 밀가루가 보이는
부분이 없을 때까지 접듯이 섞는다. 혼합물을
준비한 틀에 붓고 위에 마카다미아 너트를
뿌린다.

접듯이 섞는 법
스패출라나 큰 숟가락을 이용해서 8자를
그리며 밀가루와 초콜릿을 자르듯이 섞으면서
혼합물을 위아래로 계속 뒤집는다. 골고루 섞일
때까지 같은 과정을 반복한다. 혼합물에 공기가
들어가는 것을 방지하는 기법이다.

7

가장자리 근처가 부풀고 종이처럼 얇은 껍질이
생길 때까지 20~25분간 굽는다. 가운데
부분은 껍질 아래가 살짝 흔들리는 상태여야
하므로 팬을 살살 흔들어서 확인해 보자. 내가
생각하는 완벽한 조리 시간은 22분이다. 아주
부드러운 브라우니를 원한다면 20분, 케이크
같은 질감의 브라우니를 원한다면 25분간
굽는다. 틀에 담은 채로 완전히 식힌다.

8

틀에서 꺼낼 때는 바닥에 깐 유산지의 대각선
끝부분을 나누어 잡고 브라우니를 들어내
도마로 옮긴다. 큰 칼로 브라우니를 취향에
따라 작거나 큰 사각형 모양으로 자른다.

색다른 맛내기
바삭한 마카다미아 너트를 뿌리는 대신
다진 화이트 초콜릿이나 호두, 심지어 작은
마시멜로우를 넣어도 좋다.

판나 코타와 라즈베리

준비 시간: 30분 + 식히기 30분 + 차갑게
굳히기 6시간
6인분

판나 코타는 이탈리아어로 '익힌 크림'이라는
뜻이다. 신선한 바닐라와 라즈베리로
단순하지만 인상 깊은 디너 파티용 디저트를
마련해 보자.

판 젤라틴 5장
바닐라 빈 1개
더블 크림 450ml
우유(전지유) 450ml
정제 황설탕 80g
라즈베리 200g

1

작은 볼에 찬물을 담고 판 젤라틴을 넣는다. 1~2분간 불리면 부드럽고 젤리 같은 느낌이 될 것이다.

젤라틴 파우더
판 젤라틴을 구할 수 없다면 젤라틴 파우더 5작은술로 대체한다. 봉지의 안내를 따르거나 내열용 볼에 찬물 2큰술을 담고 젤라틴 파우더를 골고루 뿌린다. 젤라틴이 부풀어 수분을 완전 흡수할 때까지 그대로 둔다. 얕은 팬에 물을 끓인 다음 젤라틴 볼을 팬에 넣고 불 세기를 약하게 유지한다. 젤라틴이 녹을 것이다. 요리의 풍미가 약해지므로 너무 가열하지 않는 것이 중요하다. 젤라틴이 일단 녹으면 4번 과정에서 따뜻한 크림에 섞어 넣는다.

2

바닐라 빈에서 씨를 긁어낸다. 날카로운 소형 칼로 바닐라 빈에 길게 칼집을 넣어 2등분한다. 칼날로 각 깍지를 길게 훑어 씨를 모은다.

3

바닐라 씨, 크림, 우유를 냄비에 넣고 휘저어 뭉친 바닐라 씨를 푼다. 냄비를 중간 불에 올리고 한소끔 끓인다. 불에서 내린다. 설탕을 넣고 2분간 그대로 두어 녹인다.

4

젤라틴을 물에서 건져 꽉 짠다. 아직 따뜻한 크림에 젤라틴을 넣고 저어 완전히 녹인다.

5

150ml 들이 작은 푸딩 틀 또는 라메틴이나 찻잔 6개를 베이킹 트레이나 로스팅 팬에 담는다. 틀 안쪽을 찬물로 적신 다음 여분의 물기를 털어 낸다. 틀 바닥에 라즈베리를 6개씩 넣는다.

6

크림 혼합물을 그릇에 담고 틀에 조심스럽게
붓는다. 30분간 식힌다.

7

판나 코타 표면에 랩을 한 장씩 덮어 막이
생기지 않도록 한다. 냉장고에서 최소 6시간,
가능하면 하룻밤 동안 차갑게 굳힌다.

8

먹기 전에 랩을 벗긴다. 푸딩 틀을 사용한 경우
판나 코타 가장자리를 틀과 분리한 다음 접시에
뒤집어 담는다. 라메킨이나 찻잔을 사용한 경우
그대로 낸다. 라즈베리를 몇 개 뿌려 장식한다.

프로스팅을 얹은 컵케이크

준비 시간: 25분 + 식히기
조리 시간: 20분
큰 컵케이크 12개 분량

이 컵케이크 한 접시를 꺼내면 다들 유명 빵집에
다녀온 게 틀림없다고 생각할 것이다. 간단한
바닐라 케이크 반죽에 요구르트와 아몬드
가루를 더하면 오랫동안 보관 가능한 가볍고
촉촉한 컵케이크를 만들 수 있다. 아동용
컵케이크를 만들거나 견과류를 배제해야 한다면
아몬드 가루를 동량의 밀가루로 대체한다.

무염 버터 280g
플레인 요구르트(맛이 부드러운 바이오 제품
    추천) 1통(150ml)
달걀 4개(중)
바닐라 추출액 1½작은술
정제 황설탕 175g
셀프 라이징 밀가루 150g
베이킹 파우더 1작은술
아몬드 가루 100g
천일염 플레이크 ¼작은술
슈거파우더 250g
우유 1큰술
식용 색소 몇 방울
장식용 스프링클

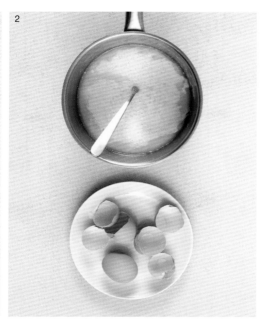

1

12구짜리 머핀 틀에 속이 깊은 종이 틀을 하나씩 깐다. 오븐을 190℃로 예열한다. 케이크 반죽을 만들기 시작한다. 중형 팬에 버터 175g을 녹인 다음 불에서 내려 5분간 식힌다.

2

버터에 요구르트를 더하고 달걀을 깨 담는다. 바닐라 1작은술을 넣고 포크로 휘저어 매끄러운 반죽을 만든다.

3

큰 볼에 설탕, 밀가루, 베이킹 파우더, 아몬드, 소금을 잘 섞는다. 가운데에 우물을 파서 액상 재료를 부을 자리를 만든다.

4

스패출라를 준비한다. 요구르트 버터 혼합물을 가루 재료 볼에 붓고 마른 밀가루나 아몬드 가루가 보이는 곳이 없는 부드러운 반죽이 될 때까지 스패출라로 재빠르게 섞는다. 너무 많이 휘저으면 안 된다는 점을 명심하자.

5

반죽을 틀에 거의 차도록 붓는다. 반죽이 상당히 묽은 편이라 볼을 틀 위에 대고 기울이면서 채우는 것이 좋다.

6

골고루 노릇하게 부풀어 오르고 달콤한 향기가 퍼질 때까지 18~20분간 굽는다. 틀에 담은 채로 5분간 식힌다.

7

컵케이크를 틀에서 꺼내 식힘망에 얹어 완전히
식힌다. 그동안 프로스팅을 만든다. 큰 볼에
남은 버터를 담는다. 소형 전동 믹서기로 아주
부드럽고 매끄럽게 푼다. 슈거파우더와 남은
바닐라, 우유를 넣는다. 처음에는 구름처럼
부풀지 않도록 살살 저어 슈거파우더를
버터에 조금씩 섞고 넣은 다음 거의 섞이면
다시 믹서기로 1~2분간 휘저어 아주 가볍게
부풀도록 한다. 혼합물이 너무 뻑뻑해 보이면
우유를 한두 방울씩 넣되 소량으로도 상태가
쉽게 달라지므로 주의해야 한다.

8

취향에 따라 프로스팅에 색을 낸다. 처음에는
식용 색소를 아주 작게 한 방울 넣고 잘 저은
다음 상태를 보고 조금씩 추가한다.

9

프로스팅을 컵케이크 하나당 수북하게
1작은술씩 얹은 다음 숟가락 뒷면이나 둥근
소형 나이프로 둥글게 펴 발라 모양을 낸다.

10

컵케이크에 취향에 따라 스프링클을 뿌려 낸다.

미리 만들기
컵케이크를 미리 만들 경우 프로스팅을 바르지
않은 상태로 밀폐 용기에 3일까지 보관할
수 있으며, 1개월까지 냉동 보관할 수 있다.
프로스팅은 3일 전에 만들어서 덮개를 씌운 후
3일까지 냉장 보관할 수 있다. 실온 상태에서
부드러워질 때까지 휘저은 다음 컵케이크에
바른다.

피칸 크랜베리 파이

준비 시간: 50분 + 식히기 + 차갑게 굳히기
조리 시간: 35분
10조각 분량

크랜베리가 보석처럼 박힌 피칸 파이는 어떤
자리에도 잘 어울리는 디저트다. 크랜베리가
끈적한 메이플 마스코바도 필링에 달가운
새콤한 맛을 더한다.

피칸 250g
밀가루, 덧가루용
디저트용 페이스트리(350쪽 참조) 1개 또는
　시판 덩어리 페이스트리 375g
무염 버터 50g
메이플 시럽 120ml
마스코바도 흑설탕 200g
브랜디 1큰술(선택 사항)
말린 크랜베리 100g
소금
바닐라 추출액 1작은술
달걀 2개(중)
크렘 프레슈, 곁들임용(선택 사항)

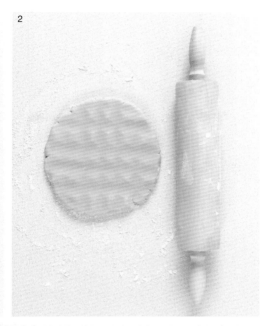

1

오븐을 180℃로 예열한다. 베이킹 시트에
피칸을 담고 노릇하고 고소한 향이 날 때까지
10분간 구운 다음 식힌다.

2

작업대와 밀대에 덧가루를 뿌린다. 바닥이
분리되는 지름 23cm의 원형 타르트 틀을
준비한다. 밀대로 페이스트리를 같은 간격으로
가볍게 눌러 홈을 판 다음 직각으로 돌려 다시
같은 간격으로 가볍게 누른다. 페이스트리가
약 1cm 두께가 될 때까지 같은 과정을
반복한다. 그러면 페이스트리가 질겨지지
않도록 펼 수 있다.

3

이제 페이스트리를 민다. 밀대를 한 방향으로만
움직이면서 몇 번 밀고 나면 페이스트리를
직각으로 돌리는 과정을 반복해 약 3mm
두께로 민다. 페이스트리를 밀대에 감아 틀
위로 옮긴다.

4

페이스트리를 틀에 가볍게 채운 다음 손가락
관절로 틀 가장자리에 살짝 눌러 붙인다.

5

페이스트리 윗부분을 주방 가위로 잘라 틀
가장자리 위쪽을 가볍게 덮도록 한다. 베이킹
시트에 얹어서 냉동고에 넣고 페이스트리가
단단하게 느껴질 정도로 10분간(여유가
있다면 조금 더 오래 두어도 좋다.) 차갑게
굳힌다. 오븐 선반은 가운데에 설치한다.

6

황산지 1장을 틀을 완전히 덮을 정도로
큼직하게 뜯어 페이스트리에 걸치듯이
얹는다. 가장자리를 구겨서 모양을 잡은
다음 페이스트리를 완전히 덮는다. 황산지
안에 누름돌(246쪽 참조)을 한 켜 깔고
가장자리에는 약간 더 쌓이도록 한다.

7

페이스트리를 베이킹 시트에 얹은 채로
오븐에 넣어 15분간 굽는다. 종이와 누름돌을
제거한다. 페이스트리는 옅은 색을 띠면서
건조하게 느껴지고 가장자리는 노릇해야 한다.
다시 오븐에 넣어 바닥이 갈색을 띨 때까지
10분 더 굽는다. 오븐에서 꺼낸다.

8

페이스트리를 굽는 동안 필링을 만든다. 피칸
12개를 장식용으로 따로 덜어 두고 나머지는
매우 곱게 다진다.

9

팬에 버터를 녹이고 메이플 시럽, 마스코바도
설탕, 브랜디, 크랜베리, 소금 한 자밤, 바닐라
추출액, 달걀을 넣어 섞는다. 포크로 휘저어
골고루 섞는다. 다진 피칸을 넣고 섞는다.

10

버터 피칸 혼합물을 구운 페이스트리에 붓고
남겨둔 통 피칸을 위에 뿌린다. 파이를 베이킹
시트에 얹은 채로 오븐에 조심스럽게 넣는다.

11

필링 가장자리가 굳고 가운데는 아주 살짝
흔들릴 정도로 35분간 굽는다. 페이스트리의
색이 너무 진해지면 그냥 알루미늄 포일을
덮으면 된다. 파이를 완전히 식힌 다음에 틀에서
꺼낸다. (354쪽 참조) 작게 잘라 취향에 따라
크렘 프레슈를 곁들여 낸다.

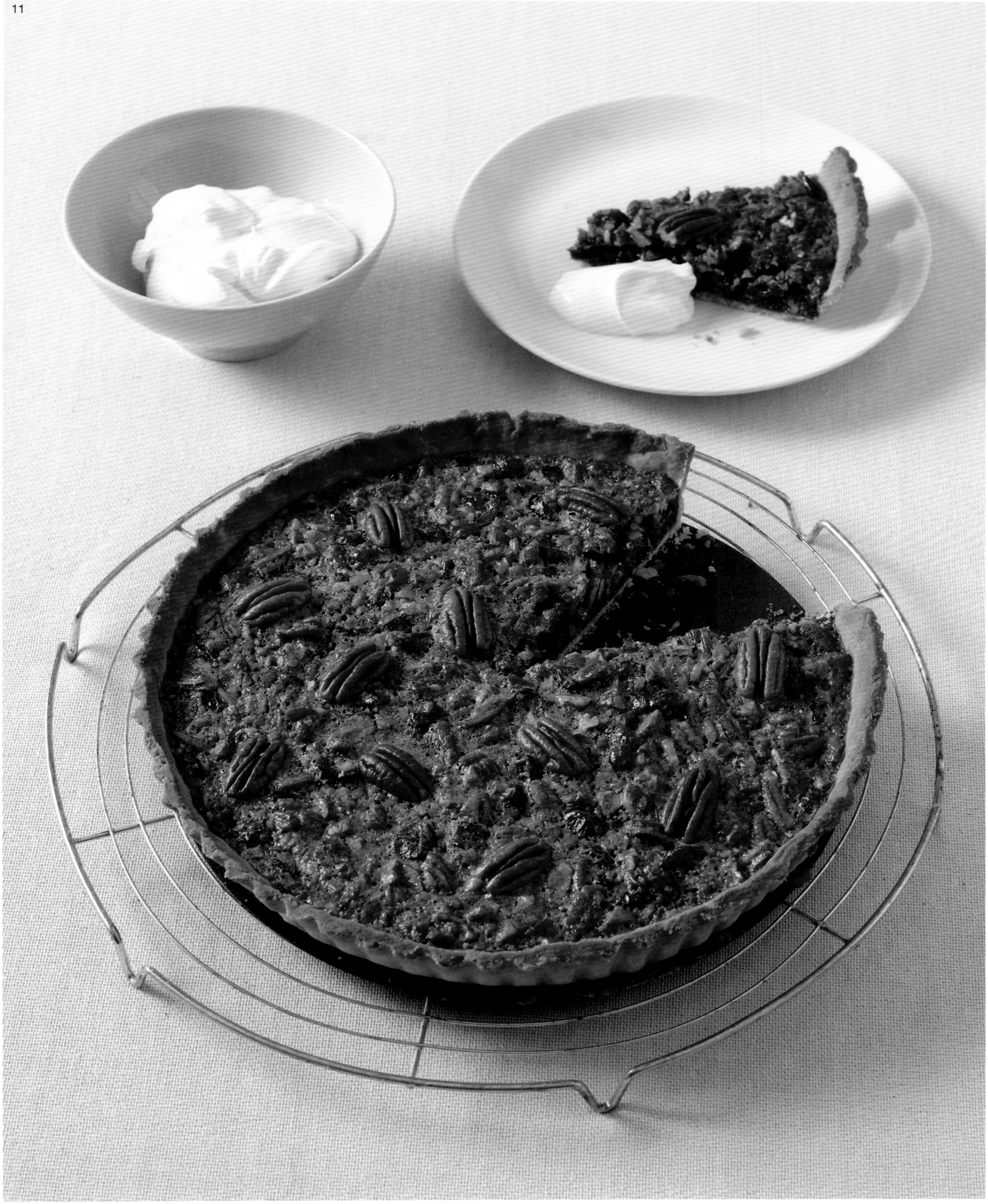

복숭아 라즈베리 코블러•

준비 시간: 25분
조리 시간: 40분
6인분

고전적인 코블러에 아몬드 가루와 라즈베리
한 줌을 더하면 복숭아의 풍미가 돋보이게
하는 산뜻한 토핑이 완성된다. 가능하면 예쁜
색을 낼 수 있도록 과육이 노란 황도를 고르자.
복숭아 대신 천도복숭아를 사용해도 좋고,
여름이 깊어지면 자두로도 만들 수 있다.

잘 익은 복숭아 6개
생 또는 해동한 냉동 라즈베리 175g
옥수수 전분 2큰술
정제 황설탕 80g, 여분 3큰술
차가운 무염 버터 80g, 여분 1큰술
셀프 라이징 밀가루 120g
아몬드 가루 50g
베이킹 파우더 ½작은술
천일염 플레이크 ¼작은술
버터밀크 또는 우유 150ml
바닐라 추출액 1작은술
아몬드 플레이크 1줌(선택 사항)
크림 또는 아이스크림, 곁들임용(선택 사항)

• 과일과 비스킷 반죽을 함께 굽는 파이의 한 종류.

1

오븐을 190℃로 예열한다. 복숭아를 반으로 자르고 칼 끝으로 씨를 제거한다. 각 조각을 다시 3~4등분한다. 큰 베이킹 그릇 또는 얕은 캐서롤 그릇에 복숭아와 절반 분량의 라즈베리를 담는다. 옥수수 전분과 설탕 3큰술을 뿌린 다음 물 6큰술을 두르고 잘 버무린다. 버터 1큰술을 작게 잘라 군데군데 올린다.

2

코블러 토핑을 만든다. 큰 볼에 밀가루를 담고 아몬드 가루, 베이킹 파우더, 소금을 더해 섞는다. 때때로 아몬드 가루가 덩어리지면 손가락으로 살살 비벼서 푼다. 버터 80g을 깍둑 썰어 가루 재료 볼에 넣는다.

3

모든 재료를 골고루 비벼 섞는다. 양손으로 버터와 밀가루를 볼에서 들어내 엄지와 나머지 손가락 사이로 부드럽게 비빈다. 이 과정을 반복하면 버터가 서서히 밀가루와 섞이기 시작한다. 혼합물을 들어올리면 온도를 차갑게 유지하면서 공기를 섞어 넣을 수 있다.

4

혼합물은 빵가루 같은 상태가 되어야 한다.

5

설탕 80g을 넣어 섞은 다음 버터밀크 또는 우유, 바닐라를 더한다. 거친 반죽이 하나로 섞이는 순간 반죽을 멈춘다. 남은 라즈베리를 넣고 조심스럽게 섞는다. 최대한 으깨지 않도록 조심스럽게 작업한다.

6

코블러 토핑을 복숭아 위에 떠 담고 (만약
사용한다면) 아몬드 플레이크를 뿌린다. 토핑은
익으면서 퍼지므로 표면을 평평하게 고르지
않아도 된다.

7

토핑이 노릇하게 잘 부풀어 오르고 과일은
촉촉하고 바닥이 보글거릴 때까지 40분간
굽는다.

8

뜨겁거나 따뜻하게, 또는 차갑게 식혀서 크림
또는 아이스크림과 함께 낸다.

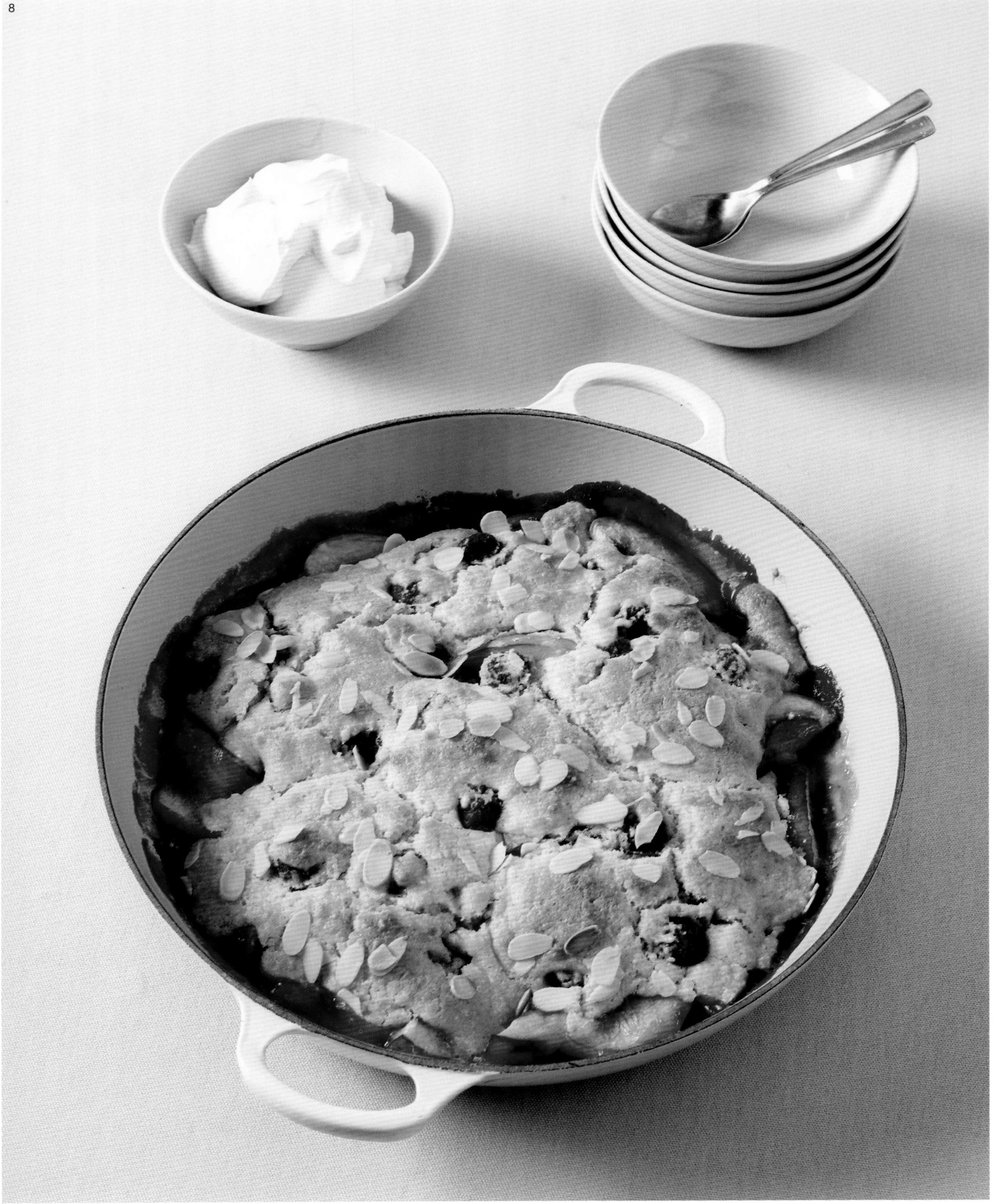

초콜릿 트러플 케이크

준비 시간: 30분 + 식히기
조리 시간: 35분
12조각 분량

진득하고 짙은 색에 맛이 농후한 초콜릿 트러플
케이크는 모두가 주목하는 생일 케이크가
된다. 완벽한 디저트임은 말할 필요도 없다.
제과제빵은 대부분 그렇듯이 만든 날 바로 먹는
것이 제일 맛있지만, 필요 시에는 2일 전에 미리
스폰지를 구워 밀폐 용기에 담아 보관할 수
있다.

무염 버터 225g, 틀용 여분
다크 초콜릿(코코아 70%) 300g
정제 황설탕 300g
달걀 4개(중)
버터밀크 또는 부드러운 플레인 요구르트
　　150ml
바닐라 추출액 1작은술
셀프 라이징 밀가루 150g
천일염 플레이크 ½작은술
베이킹 파우더 ½작은술
코코아 파우더 25g
슈거파우더 50g
사워크림 또는 더블 크림 150ml

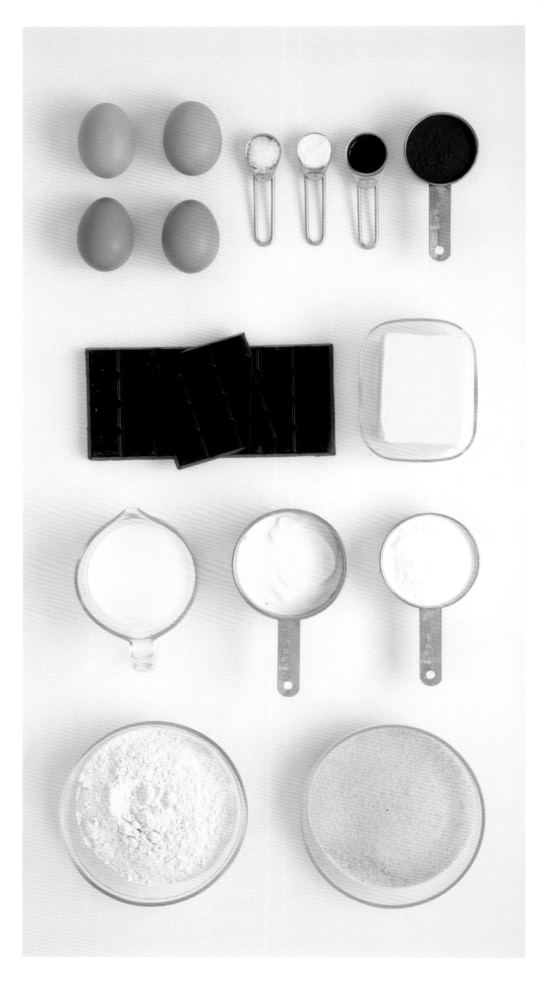

1
바닥이 분리되는 지름 20cm의 케이크 틀
2개에 버터를 약간 바르고 둥글게 자른
유산지를 바닥에 깐다. 오븐을 160℃로
예열한다.

2
초콜릿을 깍둑 썬 다음 200g을 계량해
내열용 볼에 담는다. 물이 뭉근하게 끓는 팬
위에 볼 바닥이 수면에 닿지 않도록 얹어 한두
번 저으며 초콜릿을 매끄럽게 녹인다. 또는
전자레인지에 1분간 돌린다.

3
버터 200g을 큰 볼에 담고 설탕, 달걀,
버터밀크 또는 요구르트, 바닐라, 밀가루, 소금,
베이킹 파우더를 더한다. 코코아 파우더를 체에
쳐서 넣는다.

4
소형 전동 거품기나 스탠드 믹서로 쳐서
매끄럽고 부드러운 반죽을 만든다. 버터가 덜
녹아 덩어리진 부분은 그대로 둔다. 이어서
따뜻한 초콜릿을 부으면 저절로 녹는다.

5
녹인 초콜릿을 붓고 다시 가볍게 휘저어 골고루
잘 섞는다.

6

준비한 틀에 반죽을 나누어 담는다. 초콜릿이 묻은 볼은 그대로 두었다가 아이싱을 만들 때 쓴다.

7

케이크 2개를 같은 높이의 오븐 선반에 넣고 가운데가 부풀어 꼬치로 찌르면 깨끗하게 나올 때까지 35분간 굽는다. 틀에 담은 채로 10분간 식힌 다음 꺼내 식힘망에 얹어 완전히 식힌다. 윗부분이 섬세한 케이크이므로 꺼낼 때 주의를 기울여야 한다.

8

케이크를 식히는 동안 아이싱을 만든다. 남은 초콜릿과 버터를 남겨둔 초콜릿 녹인 볼에 담고 2번 과정처럼 끓는 물이 담긴 냄비 위에 얹어 녹인다.

9

볼을 불에서 내리고 슈거파우더를 체에 쳐서 넣은 다음 크림을 붓는다. 매끄럽게 휘저어 초콜릿 아이싱을 완성한다. 식으면 걸쭉하게 펴 바를 수 있는 농도가 된다. 차갑게 식히지 않는다.

10

팔레트 나이프로 절반 분량의 초콜릿 아이싱을 첫 번째 스폰지 케이크 위에 펴 바른다.

11

식사용 접시에 옮긴다. 두 번째 케이크를 얹고 남은 아이싱을 위에 펴 바른다. 잘라서 낸다.

사과 블랙베리 크럼블과 커스터드

준비 시간: 30분
조리 시간: 45~50분
6인분

마음을 달래 주는 크럼블은 가을과 겨울 밤에 먹기 딱 좋은 디저트 푸딩이다. 다음 레시피를 따르면 매끄럽고 살짝 걸쭉한 커스터드를 만들 수 있으며, 이는 우연찮게도 사과 파이(334쪽 참조)와 훌륭하게 어우러진다.

브램리 등 요리용 사과 1.2kg
블랙베리 150g
정제 황설탕 175g
레몬 ½개
밀가루 175g
천일염 플레이크 ¼작은술
차가운 무염 버터 150g
너트메그(통) 1개, 갈아서 쓸 것
압착 귀리 50g
옥수수 전분 2작은술
우유 300ml
더블 크림 300ml
바닐라 빈 1개 또는 바닐라 추출액 1작은술
달걀 4개(중)

1

오븐을 190℃로 예열한다. 사과는 껍질과
심을 제거하고 두껍게 썬다. 큰 베이킹 그릇에
사과와 블랙베리를 깔고 설탕 1큰술, 레몬즙
½개 분량을 더해 섞는다.

브램리 사과를 쓰는 이유는?
브램리나 기타 요리용 사과라고 불리는 품종은
생식용 사과보다 풍미가 새콤해 바삭하고
달콤한 크럼블 토핑을 완벽하게 돋보이게
만든다. 또한 익으면서 멋지게 졸아들어
부드럽고 소스 같은 필링이 된다. 만일 요리용
사과를 구할 수 없다면 콕스나 브레이번 등
새콤한 생식용 사과를 사용하자.●

2

이어서 크럼블 토핑을 만든다. 큰 볼에
밀가루와 소금을 담는다. 버터를 깍둑 썰어
볼에 넣는다.

3

모든 재료를 골고루 비벼 섞는다. 양손으로
버터와 밀가루를 볼에서 들어내 엄지와 나머지
손가락 사이로 부드럽게 비빈다. 이 과정을
반복하면 버터가 서서히 밀가루와 섞이기
시작한다. 혼합물을 들어올리면 온도를 차갑게
유지하면서 공기를 섞어 넣을 수 있다.

4

혼합물은 빵가루 같은 상태가 되어야 한다.
너트메그 1작은술 분량을 곱게 갈아 남은 설탕
100g, 귀리와 함께 크럼블 반죽에 넣고 섞는다.

5

과일 위에 크럼블을 한 켜로 고르게 뿌린다.
크럼블이 짙은 갈색으로 바삭하게 익고 과일
아래쪽이 보글거릴 때까지 45~50분간 굽는다.

● 국내에서 구할 수 있는 사과는 대부분 단맛이 강하고
   수분 함량이 높은 생식용 사과다. 요리에는 신맛이 강한
   홍옥 등이 좋으나 레시피보다 국물이 많아질 수 있다는
   점을 감안해야 한다.

그동안 커스터드를 만든다. 작은 볼에 옥수수 전분에 우유 2큰술을 담고 매끄러워질 때까지 섞는다. 중형 들러붙음 방지 코팅 냄비에 담고 남은 우유, 더블 크림, 남은 설탕 40g, 바닐라 빈에서 긁어낸 씨(361쪽 참조) 또는 바닐라 추출액을 더한다. 달걀의 흰자와 노른자를 분리해(243쪽 참조) 노른자만 팬에 넣는다.

7

거품기로 섞은 다음 팬을 중약 불에 올린다. 커스터드가 막 끓기 시작할 때까지 데우면서 계속 휘저어 걸쭉하게 만든다. 나무 주걱 뒷면에 묻은 커스터드를 손가락으로 그었을 때 선이 생기면 완성이다.

커스터드가 덩어리진다면?
옥수수 전분을 약간 넣으면 커스터드가 안정되면서 걸쭉해져 달걀이 쉽게 과조리되지 않는다. 만약 커스터드가 덩어리졌다 하더라도 걱정하지 말자. 체에 내리면 된다.

8

크럼블이 따뜻할 때 커스터드를 곁들여 낸다.

베이크드 바닐라 치즈 케이크와 베리

준비 시간: 40분 + 차갑게 굳히기
조리 시간: 50분
10인분

매끄럽고 가벼우며 크리미해서 모두가
즐거워하는 좋은 디저트다. 베리는 좋아하는
신선한 과일로 간단하게 대체할 수 있으며,
자두 조림(32쪽 참조)도 잘 어울린다. 섞기 전에
반드시 모든 재료를 상온에 두어 차갑지 않게
해야 한다.

무염 버터 120g, 틀용 여분
다이제스티브 비스킷 250g
바닐라 빈 1개 또는 바닐라 추출액 1작은술
실온에 둔 부드러운 크림 치즈(전지유) 800g
정제 황설탕 250g
밀가루 2큰술
사워크림 300ml
달걀 4개(중)
냉동 여름 베리류, 해동한 것 400g

1

오븐을 180℃로 예열한다. 스프링 클립이 달려 바닥이 분리되는 지름 23cm의 원형 케이크 틀 안쪽에 버터를 약간 바르고 바닥과 같은 크기로 자른 원형 유산지를 깐다.

2

작은 팬을 중간 불에 올린다. 버터를 넣고 녹인다. 비스킷을 부숴 푸드 프로세서 볼에 담고 곱게 간다. 푸드 프로세서가 없으면 비스킷을 큰 봉지에 담고 공기를 뺀 다음 여민다. 밀대로 비스킷이 고운 가루가 될 때까지 부순다.

3

푸드 프로세서를 켠 채로 버터를 비스킷 가루에 부어 모래처럼 촉촉한 혼합물을 만든다. 손으로 부순 비스킷은 볼에 담고 녹인 버터를 부어 섞는다.

4

버터 비스킷 혼합물을 준비한 틀에 붓는다. 숟가락 뒷면으로 평평하게 꾹꾹 눌러 매끄럽게 다듬는다.

5

틀을 베이킹 시트에 얹고 바닥이 진한 갈색을 띨 때까지 15분간 굽는다.

6

바닐라 빈을 사용한다면 날카로운 소형 칼로 바닐라 빈에 길게 칼집을 낸 다음 양쪽 껍질에서 씨를 긁어낸다. 큰 볼에 치즈, 설탕 200g, 바닐라 씨나 바닐라 추출액, 밀가루, 절반 분량의 사워크림을 담는다. 소형 전동 거품기 또는 스탠드 믹서로 부드럽고 매끄러워질 때까지 친다.

7

달걀을 한 번에 하나씩 넣고 넣을 때마다
매끄럽게 섞는다. 혼합물을 틀에 붓고 윗부분을
스패출러로 매끄럽게 고른다. 틀을 작업대에
두어 번 내리쳐 공기를 뺀다.

8

10분간 구운 다음 오븐 온도를 140℃로
낮춰 40분 더 굽는다. 완성된 치즈 케이크는
가운데가 살짝 흔들리는 상태여야 한다.
오븐을 끄고 치즈 케이크를 선반에 그대로 둔
채로 문을 살짝 열어 식힌다. 식으면서 표면
가운데 부분이 갈라져 금이 생기더라도 나중에
사워크림을 바르면 된다.

9

베리 토핑을 만든다. 냄비에 해동한 여름
베리류와 남은 설탕을 담는다. 설탕이 녹고
베리가 물러져 즙이 나올 때까지 3분간 천천히
가열한다.

10

그물 국자로 과일을 건져 볼에 옮기고 불 세기를
높여 냄비에 남은 즙이 살짝 걸쭉한 시럽처럼
될 때까지 2분간 끓인다. 소스를 베리 위에 부은
다음 완전히 식힌다.

11

치즈 케이크가 식으면 냉장고에 넣어
최소한 4시간, 이상적으로는 하룻밤 동안
차갑게 굳힌다. 낼 때는 팔레트 나이프로 틀
가장자리를 한 바퀴 두른 다음 스프링 클립을
풀고 바닥을 들어내 접시에 옮긴다. 팔레트
나이프로 유산지와 바닥 사이를 한 바퀴 두르면
쉽게 들어낼 수 있다. 아니면 그냥 바닥이 붙은
채로 낸다. 팔레트 나이프 또는 식사용 칼로
남은 사워크림을 치즈 케이크 위에 바른다.
잘라서 촉촉한 베리와 함께 낸다.

초콜릿 칩 쿠키

준비 시간: 20분
조리 시간: 12분
쿠키 18개 분량

살짝 쫀득하고 초콜릿이 풍성해 입에서 살살
녹는 쿠키를 만들고 싶다면 다음 레시피가
제격이다. 기본 쿠키 반죽은 어디에도 적용할 수
있으므로 취향에 따라 레몬 제스트나 건포도,
다진 견과류를 더해도 좋다. 달콤 짭짤한 땅콩버터
쿠키나 오래 보관할 수 있는 쫀득한 오트밀 쿠키를
만들고 싶다면 기본 레시피 아래 실린 402쪽의
변주들을 참고하자.

초콜릿(밀크, 다크, 화이트 또는 3종 혼합) 150g
부드러운 무염 버터 200g
정제 황설탕 150g
달걀 1개(중)
바닐라 추출액 1작은술
셀프 라이징 밀가루 250g
천일염 플레이크 ¼작은술

1
초콜릿을 도마에서 굵게 다진다.

2
베이킹 시트 2개에 유산지를 깔고 오븐을
200℃로 예열한다. 큰 볼에 버터와 설탕을
담는다. 소형 전동 거품기 또는 스탠드 믹서로
버터와 설탕이 부드럽게 섞여 연한 색을 띨
때까지 휘젓는다. 달걀의 흰자와 노른자를
분리한 다음(243쪽 참조) 노른자와 바닐라
추출액을 버터 설탕 볼에 더한다.

3
볼 내용물을 2~3초간 휘저어 매끄럽게
섞는다. 밀가루와 소금을 넣고 스패출러나
나무 주걱으로 섞는다. 상당히 뻣뻣한 반죽일
것이다.

4

다진 초콜릿을 넣고 스패출라로 섞는다. 너무
많이 휘젓지 않도록 주의한다.

곧바로 굽기

일단 크림화를 끝낸 혼합물에 밀가루 재료를
더하고 나면 바로 밀어서 구워야 한다.
셀프 라이징 밀가루, 베이킹 파우더, 베이킹
소다가 들어가는 케이크나 팬케이크 반죽도
마찬가지다.

5

쿠키 반죽을 호두 크기의 둥근 공 모양으로
18~20개 정도 빚어 준비한 베이킹 시트에
얹는다. 익으면 많이 퍼지므로 서로 충분한
간격을 두어야 한다.

6

가장자리가 노릇하고 가운데는 연한 색을 띨
때까지 12분간 굽는다. 쿠키는 오븐 속에서
부풀어 올라 식으면서 납작해진다. 쿠키가
단단해질 때까지 베이킹 시트에 그대로 둔 다음
팔레트 나이프나 뒤집개를 이용해 식힘망으로
옮겨 완전히 식힌다. 베이킹 시트 2개에 모든
쿠키가 들어가지 않는다면 남은 쿠키를 지금
굽는다. 쿠키는 밀폐 용기에 담아 3일까지
보관할 수 있다.

땅콩버터 쿠키

반죽에 초콜릿 칩 대신 크런치 땅콩버터
2큰술과 구운 땅콩 80g을 섞는다.

생강 오트밀 쿠키

반죽에 초콜릿 칩 대신 생강 가루 2작은술과
곱게 다진 조린 생강(병조림) 2톨, 압착 귀리를
넉넉히 50g 섞는다.

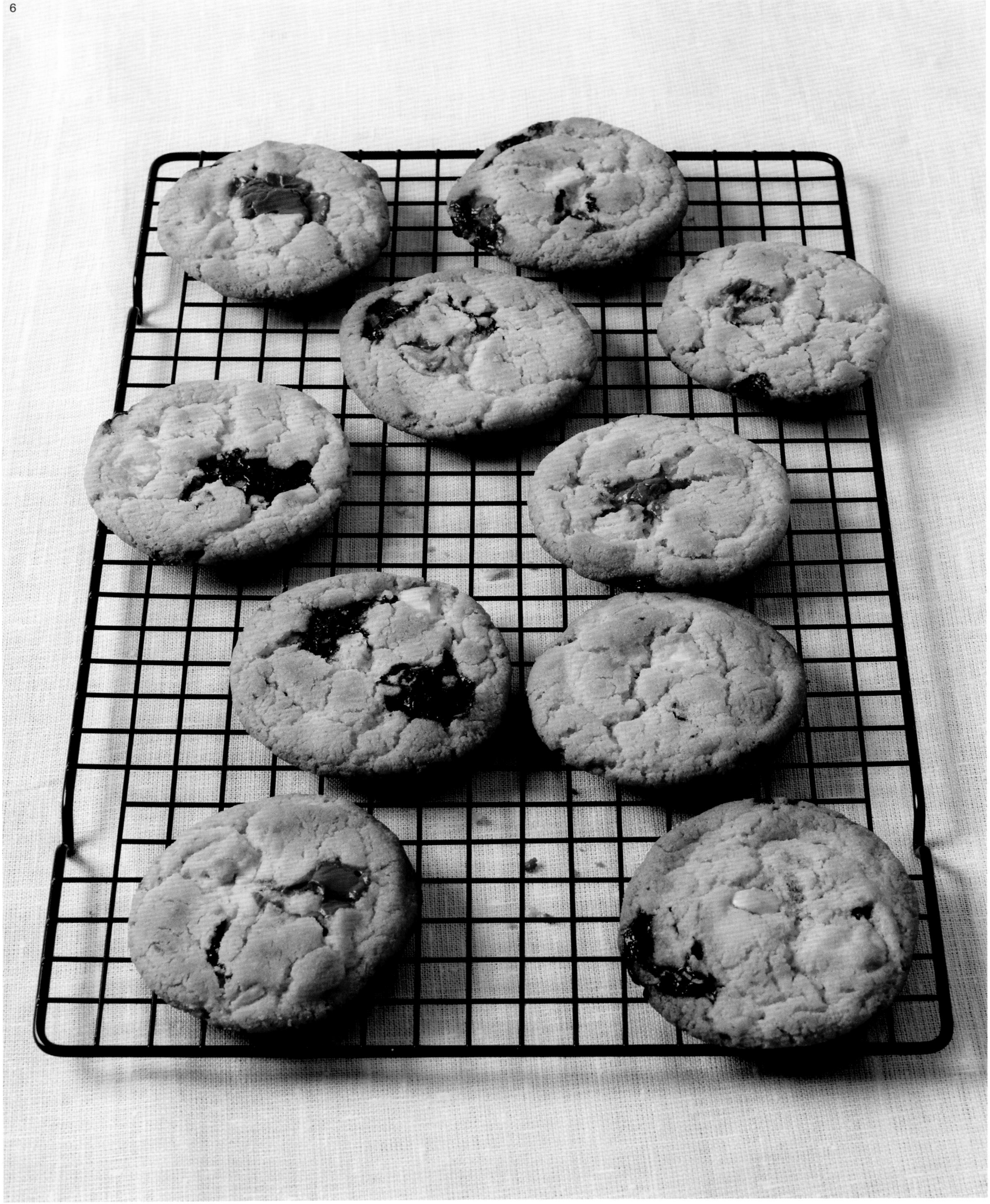

메뉴 짜는 법

이 책에 실은 요리는 대체로 혼자서도 돋보이는 주요리를 전제로 작성했지만, 여러 개를 모아 함께 차려도 맛있는 식사가 된다. 좋은 메뉴를 구성하려면 코스별로 균형을 잘 잡아야 하며, 먹는 동안 스트레스를 받지 않으려면 준비 시간을 잘 조율하고 메뉴를 가능한 단순하고 알기 쉽게 짜야 한다. 다음은 저녁 식사를 고민하지 않아도 되도록 온갖 종류의 상황에 맞춰 미리 고안한 메뉴 아이디어다.

일반적인 형태인 전채, 주요리, 디저트라는 형식에 얽매일 필요는 없다. 우리가 식사하는 방식은 그간 많은 변화를 거쳐 왔고, 친구들과 가족은 편안하고 일상적인 식사 자리에 직접 만든 음식을 내놓았다는 사실만으로 충분히 감탄할 것이다. 특정 레시피나 디너 파티 등에는 주방에서 모든 플레이팅을 마무리해 내 놓는 방식이 어울릴지도 모르지만, 나는 음식을 요리한 모양 그대로 그릇째 식탁에 내서 손님을 대접하는 쪽을 훨씬 선호한다. 그러면 모두가 달려들어 식사를 하면서 대화를 자연스럽게 이어갈 수 있다.

비스트로풍 저녁 식사
코코뱅(230쪽)
감자 도피누아(320쪽)
레몬 타르트(350쪽)

초보 요리사의 크리스마스 또는 추수감사절 저녁 식사
게살 케이크와 허브 비네그레트(292쪽)
로스트 치킨(또는 로스트 터키)과 레몬 서양 대파 스터핑(252쪽)
겨울 채소 메이플 시럽 로스트(328쪽)
버터에 익힌 녹색 채소(330쪽)
피칸 크랜베리 파이(380쪽)

브런치 파티
베리 스무디(18쪽)
과일을 넣은 모닝 머핀(40쪽)
스크램블드 에그와 훈제 연어 베이글(28쪽)
버터스카치 바나나브레드(364쪽)

간단 중국식 식사
바삭한 오리 밀전병(196쪽)
닭고기 볶음(112쪽)
디저트로 자스민 차와 포춘 쿠키

따뜻한 겨울 저녁 식사
소고기 스튜와 허브 경단(288쪽)
으깬 감자(136쪽)
버터에 익힌 녹색 채소(330쪽)
사과 파이(334쪽)

커리 먹는 날
닭고기 티카 & 라이타 상추 컵(204쪽)
시금치와 캐슈너트를 넣은 땅콩호박 커리(104쪽)
양고기 감자 커리와 향긋한 밥(238쪽)
바닐라 아이스크림(360쪽)과 신선한 망고

카페테리아풍 저녁 식사
치즈 버거(108쪽)
감자 오븐 구이(312쪽)
코울슬로(316쪽)
바닐라 아이스크림과 초콜릿 소스(360쪽)

할로윈 파티
스티키 바비큐 립(174쪽)
닭고기 누들 수프(72쪽) 또는 토마토 타임 수프(76쪽)
셰퍼드 파이(258쪽) 또는 치즈 마카로니(128쪽)
초콜릿 브라우니(368쪽)

아이들 생일 파티
마르게리타 피자(188쪽)
프로스팅을 얹은 컵케이크(376쪽)

야외에서의 점심 식사
양 갈비와 토마토 민트 샐러드(132쪽)
라타투이(310쪽)
베이크드 바닐라 치즈 케이크와 베리(396쪽)

미리 만들어 둘 수 있는
이탈리아식 저녁 식사
안티파스티와 타프나드 및 토마토
브루스케타(180쪽)
라자냐(248쪽)
마늘빵(318쪽)
그린 샐러드와 비네그레트(308쪽)

지중해식 디너 파티
안티파스티와 타프나드 및 토마토
브루스케타(180쪽)
지중해식 생선 스튜(270쪽)
그린 샐러드와 비네그레트(308쪽)

로스트 디너
로스트 포크와 캐러멜화한 사과(296쪽)
겨울 채소 메이플 시럽 로스트(328쪽)
버터에 익힌 녹색 채소(330쪽)
스티키 토피 푸딩(356쪽)

양고기 로스트와 로즈메리 감자(266쪽)
글레이즈를 입힌 당근(314쪽)
베이크드 바닐라 치즈 케이크와 베리(396쪽)

로스트 비프 & 요크셔 푸딩(274쪽)
감자 로스트(306쪽)
버터에 익힌 녹색 채소(330쪽)
사과 블랙베리 크럼블과 커스터드(392쪽)

로스트 치킨과 레몬 서양 대파 스터핑(252쪽)
감자 도피누아(320쪽)
따뜻한 깍지콩 샐러드(324쪽)
복숭아 라즈베리 코블러(384쪽)

주중의 간단 저녁 식사
속을 채운 닭고기와 토마토 및 루콜라(154쪽)
초콜릿 브라우니(368쪽)

스테이크 저녁 식사
그릴에 구운 스테이크와 마늘 버터(158쪽)
감자 오븐 구이(312쪽)

그린 샐러드와 비네그레트(308쪽)
바닐라 아이스크림과 초콜릿 소스(360쪽)

스페인식 저녁 식사
파타타스 브라바스와 초리소(208쪽)
파에야(280쪽)
바닐라 아이스크림(360쪽)과 페드로 히메네스
Pedro Ximnez같이 진하고 달콤한 쉐리주

친구와의 저녁 식사
팬에 구운 생선과 살사 베르데(222쪽)
판나 코타와 라즈베리(372쪽)

텍스 멕스● 디너
치즈 나초와 과카몰리(184쪽)
칠리 콘 카르네와 구운 감자(218쪽)
키 라임 파이(342쪽)

태국식 만찬
닭고기 사타이와 땅콩 소스(200쪽)
태국식 소고기 커리(168쪽)
새우 팟타이(164쪽)
디저트로 망고 소르베 또는 생 파인애플

모로코식 채식 만찬
후무스, 절인 올리브와 피타 빵(192쪽)
버터콩 타진과 세몰라 및 쿠스쿠스(300쪽)
레몬과 양귀비 씨 드리즐 케이크(346쪽)와
생무화과, 요구르트

채식 저녁 식사
버섯 리소토(116쪽)
그린 샐러드와 비네그레트(308쪽)
초콜릿 팟(340쪽)

스포츠 경기 보는 날
닭 날개와 블루 치즈 딥(176쪽)
치즈 나초와 과카몰리(184쪽)
속을 채운 포테이토 스킨과 사워크림 딥(212쪽)

● 미국 텍사스 지방과 멕시코의 특징이 혼합된 요리 스타일.

용어 사전

걸쭉해지다
밀가루나 달걀노른자 등의 농후제를 더해 소스나 수프의 농도를 살짝 되직하게 한다.

그릴에 익히다
요철이 있는 그릴 팬에 굽는다.

글레이즈
페이스트리 또는 반죽에 우유나 달걀 또는 우유와 달걀 혼합물을 고르게 발라 굽고 난 다음 반짝이고 노릇한 외양을 띠도록 하는 기술이다. 고기와 채소에 반짝이는 소스를 덮는 과정을 일컫기도 한다.

노릇하게 지지다
아주 뜨거운 오일 등에 식재료를 구워서 표면에 색을 낸다.

다시 한소끔 끓이다
음식물을 더한 다음 국물을 다시 부글부글 끓을 정도로 익힌다. 모든 조리 시간은 일단 한소끔 끓인 이후부터 측정해야 한다.

덮는다
요리 위에 소스 등의 물질을 한 켜 입힌다.

두르다
겉에 액상 재료를 가볍게 붓는다.

디글레이즈
고기나 채소를 볶거나 구운 팬에 와인, 육수, 물 등의 액상 재료를 붓고 팬 바닥에 눌어붙은 부분을 긁어 소스에 더하는 조리법이다.

뚜껑을 반쯤 닫는다
냄비 뚜껑을 살짝 비스듬하게 기울여 증기가 살짝 빠져나갈 틈을 만든다. 소스가 천천히 졸아드는 효과가 있다.

물기를 빼다
음식물을 채반이나 체에 받쳐 여분의 물기를

완전히 제거하는 것. 재료가 익힌 물을 그대로 머금은 채로 조리해야 하는 경우도 있다. 언제나 레시피를 먼저 확인하도록 하자.

뭉근하게 익히다
잔잔한 불에 천천히 익히는 과정으로 국물이 막 끓기 시작하려는 순간, 수면에 자잘한 기포가 올라오는 상태다.

반죽
밀가루와 달걀 물, 우유, 물 등의 액상 재료를 섞은 혼합물로 팬케이크를 만들거나 튀김옷을 입힐 때 등에 사용한다. 익히기 전의 케이크 혼합물을 케이크 반죽이라고 부른다.

반죽하다
반죽을 작업대에 놓고 손바닥으로 매끄러워질 때까지 치댄다.

발사믹 식초
가벼운 단맛에 어두운 색을 띠는 식초. 이탈리아의 모데나 또는 레지오 에밀리아 지역에서 생산한 포도즙으로 만들며, 나무통에서 부드럽게 숙성한 발사믹 식초를 제일 비싼 전통 제품으로 친다.

발효시키다
효모나 베이킹 파우더, 베이킹 소다 등의 팽창제를 더해 만든 반죽의 부피가 늘어나게 하는 과정이다.

분질 감자
질감이 끈적하지 않은 감자를 가리키는 일반 용어다. '옛날 감자Old potato' 또는 '주재배 감자Maincrop potato'라고도 불린다. 주로 로스트와 으깬 감자, 감자 튀김 등에 사용한다. 햇감자처럼 뜨거운 물에 넣지 않고 반드시 찬물에 담가 삶기 시작해야 한다. '옛날 감자는 차갑다.'라고 기억하면 좋다.

브레이즈
뚜껑을 닫은 팬에서 육수 또는 걸쭉한 소스와 함께 천천히 익히는 조리법이다.

삶다
음식물을 육수나 물, 우유, 설탕 시럽 등의 액상 재료에 넣고 서서히 익힌다.

소테
테두리가 높은 프라이팬이나 소테용 팬에 소량의 오일을 두르고 음식물을 강한 불에 익히는 과정이다.

시럽 같다
소스를 표현할 때 사용하는 단어로, 소스를 졸여 걸쭉하게 만드는 과정이다. 살짝 걸쭉하며 종종 반짝거리는 상태가 되기도 한다.

씨를 제거하다
과일 또는 채소에서 씨를 뺀다는 뜻으로, 일단 반으로 자른 후 숟가락 또는 칼 끝부분으로 씨를 긁어낸다.

알 덴테
파스타 또는 채소를 부드럽지만 속에는 살짝 씹히는 질감이 남도록 익힌 상태.

예열하다
오븐 또는 그릴을 원하는 온도로 맞추고 뜨겁게 달아오를 때까지 내버려 둔다. 예열 시간은 오븐마다 크게 다르므로 본인이 사용하는 오븐을 제대로 파악해야 한다.

우물을 파다
수북한 밀가루에 홈을 파서 액상 재료를 부을 빈 공간을 만든다.

유화
두 가지 물질을 빠르게 섞어 균일한 상태로 만든다. 오일과 식초를 휘젓거나 흔들어서 만드는 샐러드 드레싱이나 달걀노른자에 버터를 더해 만드는 홀렌다이즈 소스 등이 좋은 예다.

육수
소고기나 송아지 고기, 가금류 뼈를 채소와 허브

등과 함께 2~3시간 동안 뭉근하게 익힌 조리용 국물이다. 사용하기 전에 기름기를 걷어내자. 뜨거운 물에 과립형 육수를 녹이거나 질 좋은 액상 육수를 구입하면 조리 시간을 단축할 수 있다.

재우다

날고기 또는 기타 음식물을 조리하기 전에 향긋한 혼합물이나 산성 재료에 담가 부드럽게 만들거나 풍미를 더하는 과정이다. 재우면서 동시에 재료를 '익히게' 되므로 너무 오래 재우면 심하게 부드러워져서 완성한 요리의 질감이 달라지니 주의하도록 하자. 섬세한 생선 등은 1시간 이상 재우지 않아야 한다. 고기나 가금류는 24시간까지 재울 수 있다.

접다

음식물을 볼 바닥에서 위쪽을 향해 들어 올리며 살살 섞는 동작으로, 위아래로 움직이기 때문에 재료에 공기가 들어가지 않도록 섞을 수 있다.

제스트

감귤류 과일에서 하얀 중과피 위에 덮인 제일 바깥쪽의 얇은 외피다. 주로 곱게 갈아 요리에 사용한다.

졸이다

액상 재료를 부글부글 또는 뭉근하게 끓이면서 수분을 증발시켜 풍미를 강화하고 농도를 걸쭉하게 한다.

지속 가능한 어업으로 잡은 생선

남획으로 지탄받지 않는 '친환경적' 방법으로 잡은 생선이다. 환경에 악영향을 미치지 않는 방법을 사용해 낚았다는 뜻이다.

찌다

딱 맞는 뚜껑이 있는 구멍난 용기에 음식물을 담고 끓는 물 위에 얹어서 익히는 기술이다.

채우다

고기나 채소의 안쪽에 스터핑 재료를 메우듯이 담는다.

칼집을 넣다

생선 토막에 대각선으로 칼집을 넣으면 요리하는 동안 휘어서 말리지 않으며, 전체적으로 고르게 익는다.

캐러멜화하다

노릇하고 살짝 끈적한 상태가 될 때까지 익힌다. 음식물의 천연 당 성분이 캐러멜로 바뀌는 시점이다.

캐서롤

오븐에서 조리 가능하며 뚜껑이 달린 철제나 유리 또는 도기 그릇의 명칭이다. 철제나 유리 또는 도기 그릇의 명칭이다. 그러한 용기에 익힌 음식 자체를 뜻하기도 한다.

쿠스쿠스

고운 세몰리나 가루를 동글동글 뭉쳐 밀가루를 입힌 파스타 종류다. 주로 북아프리카 해안과 기타 지중해 지역에서 사용하며, 찐 다음 고기 및 생선 스튜와 함께 먹는다.

크림화하다

달걀이나 버터, 설탕 등이 걸쭉하고 연한 색을 띨 때까지 거품기나 나무 주걱으로 휘젓는다.

팬을 가득 채우다

볶거나 구울 때 팬에 음식을 거의 빈틈없이 빠듯하게 채우는 것이다. 그러면 증기가 빠져나가지 못해 음식이 노릇하거나 바삭하지 않고 축축하며 질감이 나빠진다. 불안하면 재료를 넓게 펼쳐 담아 요리하자.

포테이토 라이서

큰 마늘을 으깨는 도구와 비슷하지만 크기가 제법 큰 도구로, 감자를 고운 망을 통해 뽑아내 조금만 휘저으면 매끄럽게 으깬 감자를 만들 수 있다.

푸드 프로세서에서 짧은 간격으로 갈다

음식물을 완전히 곤죽으로 만들지 않고 다지기 위해서 푸드 프로세서를 1~2초 정도의 짧은 간격으로 껐다가 켜기를 반복한다. (대부분 이러한 작업 과정을 위해 펄스Pulse 버튼을 갖추고 있다).

푸슬푸슬하게 풀다

쌀 또는 쿠스쿠스를 익힌 다음 포크 날을 이용해 알곡을 살살 풀어 서로 분리한다.

퓌레

푸드 프로세서 또는 믹서로 갈아 음식물을 부드러운 페이스트 상태로 만든다. 또는 페이스트 자체를 일컫는다.

휘젓다

거품기 등 유연한 도구로 빠르게 쳐서 달걀흰자나 마요네즈 등의 부피를 늘리고 공기를 더하는 과정이다.

휴지하다

고기를 오븐에서 구운 다음 꺼내 자르기 전까지 한동안 그대로 두는 과정이다. 고기를 굽는 동안 근육 섬유가 수축하면서 즙을 덩어리 바깥쪽으로 밀어 낸다. 휴지를 하면 근육 섬유가 이완되면서 즙을 고기 내부로 재분배해 완성한 요리를 더욱 촉촉하게 만든다. 고기는 휴지하는 동안에도 계속 익으므로 주의를 기울여 조리 시간을 체크해야 한다.

기본 손질법

채소를 다듬을 때 제일 흔하게 사용하는
손질법의 올바른 형태를 확인해 보자.

곱게 다진 당근

으깬 마늘

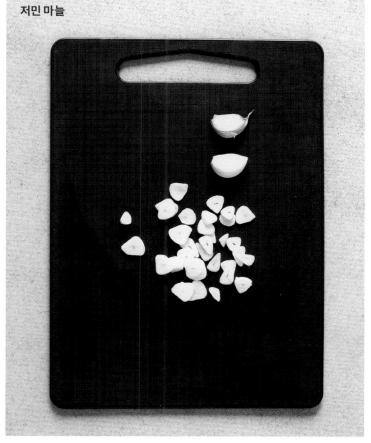

저민 마늘

곱게 다진 양파

저민 양파

굵게 다진 양파(1)

굵게 다진 양파(2)

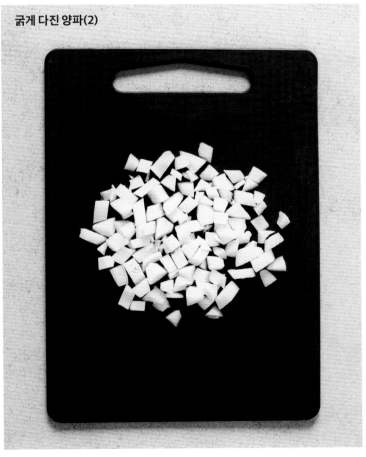

씨를 빼고 곱게 저민 고추

씨를 빼고 곱게 다진 고추

굵게 다진 허브

곱게 다진 허브

찾아보기

감사의 말

이 책은 모두가 협력해 만들어 낸 작품으로, 기술과 사랑, 협조, 희망과 이상을 보여 준 많은 이에게 깊은 감사를 보낸다. 우선 에밀리아 테라니, 로라 글래드윈, 베스 언더다운 및 기타 파이돈의 모든 직원이 보여 준 헌신적인 자세에 감사를 드린다. 특히 로라 덕분에 첫 발짝을 내딛을 수 있었다. 무사히 책을 완성하기까지 이어진 끝없는 인내와 격려, 결단력에 찬사를 보낸다.

아름다운 사진을 찍으며 오랜 촬영 시간 내내 집을 기꺼이 내어 준 안젤라 무어에게도 깊은 감사의 말을 전한다. 제니퍼 바그너와 니코 슈바이처, 제프리 피셔는 함께 상상 이상으로 멋진 결과물을 만들어 주었다.

내 어시스턴트 푸드 스타일리스트인 마리사 비올라, 너는 실로 경이로운 실력을 보여 주었어. 멋진 의견과 뛰어난 조직력, 차분하고 고요한 태도에 깊은 감사를 표하고 싶어. (마리사, 그리고 안젤라의 어시스턴트인 피터와 줄리안, 브루스는 일견 쉬워 보이지만 지극히 까다로운 재료 과정 사진을 담당했다. 모두에게 고마운 마음을 전한다.) 레시피 테스트를 맡은 케이티 그린우드와 수잔 스폴, 미셸 볼튼 킹, 그리고 특히 열정적으로 시식을 해 준 젬과 스투 맥브라이드에게도 특별히 감사를 보낸다. 또한 나에게 많은 가르침을 준 바니 데스마저리, 사라 부엔펠드, 기타 BBC Good Food 매거진의 과거와 현재 구성원에게도 감사를 전한다.

어머니와 아버지, 모든 가족과 친구들에게도 변함없는 믿음과 격려를 보내 주어 고맙다고 말하고 싶다. 그리고 마지막으로 제일 중요한 사람이자 내 최고의 평론가 겸 최대의 약점인 로스, 고마워. 당신은 나의 태양이야.

레시피 주의사항
이 책은 날달걀 또는 아주 살짝 익힌 달걀이 함유된 레시피를 포함하고 있다. 노약자와 영유아, 임산부, 질환자 및 면역 체계가 약한 사람은 섭취를 피해야 한다.

Original title: What to Cook and How to Cook It
© 2011 Phaidon Press Limited

This Edition published by ScienceBooks Publishing Co., Ltd. under licence from Phaidon Press Limited, Regent's Wharf, All Saints Street, London, N1 9PA, UK, © 2019 Phaidon Press Limited

무엇을 어떻게 요리할까

1판 1쇄 찍음 2019년 2월 1일
1판 1쇄 펴냄 2019년 2월 15일

지은이 제인 혼비
옮긴이 정연주
펴낸이 박상준
펴낸곳 세미콜론

출판등록 1997. 3. 24 (제16-1444호)
(06027) 서울시 강남구 도산대로1길 62
대표전화 515-2000   팩시밀리 515-2007
편집부 517-4263   팩시밀리 514-2329

한국어판 ⓒ(주)사이언스북스, 2019.
Printed in China.

ISBN 979-11-89198-38-1 13590

세미콜론은 이미지 시대를 열어 가는 (주)사이언스북스의 브랜드입니다.

www.semicolon.co.kr